材料科学与工程

教育部高等学校材料类
教学指导委员会规划教

纳米材料基础

Fundamentals of Nanomaterials

郭新立　主编

郑燕梅　李钰莹　阮秋实　张伟杰　胡林峰　付秋萍　参编

刘加平　审

化学工业出版社

·北京·

内容简介

《纳米材料基础》是战略性新兴领域"十四五"高等教育教材,教育部高等学校材料类专业教学指导委员会规划教材。全书共分六章,系统概述纳米材料的基础知识、制备基础与方法、表面改性和表征测试技术,并结合典型实例,对纳米材料的应用、安全性做了系统的介绍。每章后面附有相应思考题帮助读者复习和掌握。

本书可作为高等院校材料、化学、物理和机械等专业本科生和研究生学习纳米材料的基础导论教材,也可供纳米材料科研及工程技术人员参考。

图书在版编目(CIP)数据

纳米材料基础 / 郭新立主编. -- 北京 : 化学工业出版社, 2025. 6. --(战略性新兴领域"十四五"高等教育教材). -- ISBN 978-7-122-47981-5

Ⅰ. TB383

中国国家版本馆 CIP 数据核字第 2025NZ3637 号

责任编辑:陶艳玲　　　　　　　文字编辑:王晓露
责任校对:杜杏然　　　　　　　装帧设计:刘丽华

出版发行:化学工业出版社
　　　　　(北京市东城区青年湖南街 13 号　邮政编码 100011)
印　　装:河北鑫兆源印刷有限公司
787mm×1092mm　1/16　印张 8¼　字数 183 千字
2025 年 10 月北京第 1 版第 1 次印刷

购书咨询:010-64518888　　　　　售后服务:010-64518899
网　　址:http://www.cip.com.cn
凡购买本书,如有缺损质量问题,本社销售中心负责调换。

定　　价:36.00 元　　　　　　　　版权所有　违者必究

能源、信息与先进材料并称为 21 世纪三大高新技术领域。随着科技进步与人类对自然认知的深化，研究者发现，当材料尺寸进入介观尺度（尤其是 1～100nm 范围）时，其物理、化学及力学性能将显著区别于宏观与微观体系，从而形成一类性能独特的新材料。这类材料被统称为纳米材料，其三维空间中至少有一维尺寸处于 1～100nm，或以此为基本单元构筑而成。自 20 世纪 80 年代正式命名以来，纳米材料以其突破性特性催生了诸多新兴应用，成为各国战略竞争焦点。

中国、美国、德国、日本等国家及欧盟地区均将纳米技术列为重点研发方向，投入巨额资金支持。富勒烯和石墨烯纳米材料的发现者先后获得了诺贝尔奖，石墨烯更被誉为材料科学的里程碑，彰显纳米材料的核心地位。当前，材料科学的前沿热点研究多集中于纳米材料领域。

纳米材料是材料、物理、化学等多学科交叉的研究领域。经过数十年研究攻关，其成果已从实验室走向实际应用，广泛渗透至工业、农业、医疗、环保等多个领域。随着纳米技术产业化进程加速，相关教育需求激增，人才培养规模持续扩大，国内外高校纷纷开设纳米材料相关课程。本书作为教育部战略性新兴领域"十四五"高等教育教材体系中的"纳米材料与技术"系列教材之一，是基于编者多年讲授"纳米材料制备与应用""纳米材料科学与技术"课程的积累，并整合编者的研究成果与近年国内外的公开文献撰写而成。

诚挚感谢编写团队全体成员的辛勤付出，感谢武汉理工大学麦立强教授与丁瑶老师对教育部战略性新兴领域"十四五"高等教育"纳米材料与技术"系列教材编写的全程统筹与指导，感谢东南大学刘加平院士、郭丽萍教授、东南大学教务处及化学工业出版社陶艳玲编辑的鼎力支持。

纳米材料作为材料科学的前沿领域，新的成果层出不穷，作者虽尽可能将最新的成果和知识囊括书中，但因学识和时间有限，不足之处在所难免，诚挚欢迎和感谢广大读者反馈宝贵意见以不断改进和完善。

编者

2025 年 5 月

第 1 章 绪论

1.1 纳米材料的概念和由来 ·········· 001

1.2 纳米材料的分类 ················· 004

1.3 纳米材料的研究和应用现状
　　及其发展趋势 ················· 006

思考题 ································· 006

参考文献 ····························· 007

第 2 章 纳米材料的性能和理论基础

2.1 纳米材料的性能 ················· 008

2.2 纳米材料的理论基础 ············ 008

2.2.1 小尺寸效应（small size effect）···· 008

2.2.2 表面效应（surface effect）······· 011

2.2.3 量子尺寸效应
　　　（quantum size effect）··············· 012

2.2.4 宏观量子隧道效应（macroscopic
　　　quantum tunneling effect）········· 013

思考题 ································· 015

参考文献 ····························· 015

第 3 章 纳米材料的制备基础与方法

3.1 纳米材料制备基础 ··············· 016

3.1.1 物理法 ···························· 017

3.1.2 化学法 ···························· 028

3.2 金属醇盐水解法 ················· 030

3.2.1　金属醇盐的合成途径 ……………030

3.2.2　金属醇盐水解制备纳米粉末 ……031

3.3　典型纳米材料的制备 …………040

3.3.1　石墨烯 …………………………040

3.3.2　碳纳米管 ………………………045

3.3.3　碳量子点 ………………………049

3.3.4　黑磷 ……………………………049

思考题 …………………………………050

参考文献 ………………………………050

第4章　纳米材料的表面改性和表征测试技术

4.1　纳米材料改性 ………………059

4.1.1　物理改性 ………………………060

4.1.2　化学改性 ………………………060

4.2　纳米材料的表征和性能测试 …064

4.2.1　扫描电子显微镜 ………………065

4.2.2　透射电子显微镜 ………………066

4.2.3　扫描探针显微镜 ………………067

思考题 …………………………………071

参考文献 ………………………………071

第5章　纳米材料的典型应用及原理

5.1　纳米材料应用概述 ……………073

5.2　纳米材料在能源转化与储存

**　　　中的应用 ………………………075**

5.2.1　太阳能电池 ……………………075

5.2.2　锂离子电池 ……………………077

5.2.3　超级电容器 ……………………078

5.3　纳米材料在生物医药中的应用 …080

5.3.1　二维纳米材料的生物传感与

　　　药物运输 ………………………080

5.3.2　肿瘤治疗 ………………………081

5.4　纳米材料在电子印刷中的应用 …083

思考题 …………………………………085

参考文献 ………………………………085

6.1 纳米材料安全性的研究意义 092

6.2 纳米材料的危害 093

6.2.1 纳米材料对环境的影响 094

6.2.2 纳米材料对人体的影响 097

6.2.3 影响纳米材料毒性的因素 102

6.3 纳米材料安全性的研究方法 105

6.3.1 纳米材料体外毒性的研究方法 ...105

6.3.2 纳米材料体内毒性的研究方法 114

6.4 纳米材料安全问题的应对措施 ...117

6.4.1 降低纳米材料毒性的途径 117

6.4.2 纳米材料安全发展战略 119

思考题 120

参考文献 120

第 1 章

绪论

1.1　纳米材料的概念和由来

能源、信息、先进材料并称为 21 世纪三大高新技术领域。纳米材料作为先进材料的重要组成部分，随着科学技术的不断发展和人们对自然界认识的加深而逐渐被人们所发现和重视，其正式命名出现在 20 世纪 80 年代，是指三维空间至少有一维的尺寸处于 1～100nm 或由它们作为基本单元构成的材料。nm（nanometer）中的 nano 源自希腊语中"侏儒"的意思，1nm=10^{-3}μm=10^{-9}m，相当于头发丝直径的十万分之一。如图 1-1 所示，从尺度上来分，纳米材料处于宏观领域和微观领域之间的介观领域，人们在研究自然和认识自然的过程中通常习惯于遵循从宏观到微观，再从微观到宏观的过程，而忽视了处于宏观和微观领域之间的介观领域。

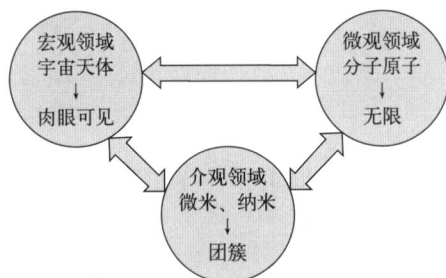

图 1-1　纳米材料的发现及其所处的领域

随着人们研究和认识自然的深入，逐渐认识到，当材料的尺度处于介观领域时，特别是处于 1～100nm 时，其物理、化学和力学等性能与宏观领域和微观领域的材料相比将会发生巨大的变化，从而形成区别于宏观和微观材料、具有独特性能的一类新材料。因此有必要将处于宏观和微观领域之间的介观领域材料，尤其是处于 1～100nm 之间的材料作为一个专门的领域进行研究，并将其称为纳米材料。纳米材料并非完全是人为创造的新材料，它早已存在于自然界中，并得到应用。如图 1-2 所示，人们已发现陨石碎片、人体和动物的牙齿都是由纳米粒子构成，它们具有优异的强度和韧性。

另外，人们通过现代仪器检测发现，自然界中的各种昆虫和动物，如蜜蜂、螃蟹和海龟等（图 1-3）的体内都含有磁性纳米粒子，利用这种磁性纳米粒子与地球磁场的作用形成辨别方向位置的导航系统，起到指南针、GPS 和北斗导航的作用。

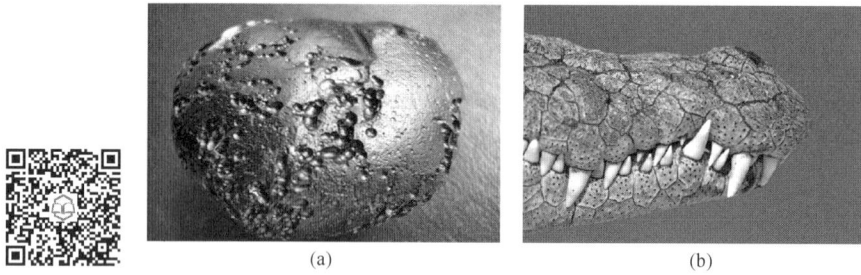

(a)　　　　　　　　　　　　　　　(b)

图 1-2　由纳米粒子组成的天体的陨石（a）及鳄鱼牙齿（b）

(a)　　　　　　　　　　　　　　　(b)

(c)　　　　　　　　　　　　　　　(d)

图 1-3　昆虫和动物体内存在磁性纳米粒子

（a）、（b）蜜蜂体内有起"罗盘"作用的磁性纳米粒子；（c）螃蟹祖先第一对触角内有定向磁性纳米粒子；
（d）海龟头部有起导航作用的磁性纳米粒子

　　自然界中存在少量的纳米材料，大部分纳米材料为人工制造，其历史可追溯到 1000 多年前，如图 1-4 所示。

　　通过现代仪器分析发现，我国古代的先人们采用蜡烛燃烧制备出了纳米炭黑粒子，并将其作为墨汁的原料和着色的染料，获得了浸润性优异的墨汁和染料［图 1-4（a）］。古代铜镜历经百年仍然能够不被锈蚀，清晰照人，是由于其表面由纳米氧化锡颗粒构成的防锈层对其起到了有效的抗腐蚀作用［图 1-4（b）］。公元 4 世纪左右，古罗马人制造了一种具有双色性的玻璃：罗马酒杯（莱克格斯杯，Lycurgus cup），现收藏于不列颠博物馆，1990年人们通过透射电子显微镜对其观察分析发现，其组成中含有大量粒径为 70nm 的金和银混合粒子，由于金属纳米粒子的特殊光吸收特性，反射光的绿色主要由银纳米粒子造成，其互补色被吸收，而透射光呈洋红色，共振吸收将其互补色（洋红色）散射出去。

图 1-4 多年前人工制造的纳米材料

（a）利用蜡烛燃烧的纳米炭黑粒子作为墨汁的原料和着色的染料；（b）古代铜镜表面由纳米氧化锡颗粒构成的防锈层；（c）、（d）公元 4 世纪罗马酒杯（Lycurgus cup）白天呈绿色（反射），晚上以白光由内向外透射呈洋红色（红+蓝光）（透射）

图 1-5 为教堂中的彩色玻璃，利用玻璃中添加不同金属纳米粒子而形成不同的颜色。

图 1-5 教堂中常见的彩色玻璃

　　在中世纪的中后期，欧洲的炼金术士通过王水溶解和还原过程制备出了"可饮用金"（金纳米粒子溶胶），并将其用于治疗各种疾病。1857 年，Faraday 通过氯金酸还原法制备了金纳米粒子，研究了使之稳定的方法以及其颜色随着聚积状态的变化等。

　　随着人们对介观领域材料认识的增加，纳米材料所展示出的独特性能受到越来越多的研究和关注。1990 年在美国举办了第一届国际纳米科学技术会议，决定出版《纳米技术》

（Nanotechnology）、《纳米结构材料》（Nanostructured materials）、《纳米生物学》（Nanobiology）三种杂志，标志着纳米研究走向正轨和成熟，成为一种新兴的交叉学科。各国政府开始投入大量的财力、人力和物力开展纳米材料科学与技术的研究。

1991 年美国将纳米技术列入"政府关键技术"，确定了纳米技术的研究和发展方向；2003 年时任美国总统布什签署了《21 世纪纳米技术研究开发法案》，开启了纳米研究的高潮；2001—2004 年美国在纳米技术领域的资金投入由 4.65 亿美元猛增到 9.61 亿美元。1993 年德国提出今后 10 年重点发展的 9 个关键技术中有 4 个涉及纳米技术。日本、欧盟等国家和地区都斥巨资用于纳米材料与技术的开发。我国将其列入"863 计划""973 计划"和"十五""十一五"规划，在 2001 年 7 月下发了《国家纳米科技发展纲要（2001—2010）》。该纲要提出了我国纳米科技在今后 5～10 年的主要目标：在纳米科学前沿取得重大进展，奠定发展基础；在纳米技术开发和应用方面取得重大突破；逐步形成精干的、具有交叉综合和持续创新能力的纳米科技骨干队伍；建立全国性的纳米科技研发中心和以企业为主体的产业化基地，促进基础研究、应用研究和产业化的协调发展。2006 年国务院制定的《国家中长期科学和技术发展规划纲要（2006—2020 年）》中，将纳米科学列为这段时期内基础科学研究的四个主要方向之一，将纳米材料和基于纳米材料而发展出的纳米器件和纳米技术作为发展先进材料的重点目标。经过不断的基础研究投入和世界各国研究人员的不懈努力，目前，纳米材料研究的重点已从基础转向应用，其应用领域已经渗透到军事、生物、高分子材料、电子、医疗、环境、生活日用品等几乎所有的生产和研究领域。1999 年，纳米材料和纳米器件及技术正式开始走向市场，全年纳米产品营业额达到 500 亿美元。随着新的纳米材料和技术的研发，如石墨烯、集成电路、芯片和人工智能技术等的不断涌现，纳米产品的产值明显呈现逐年递增的趋势。美国 IBM 公司首席科学家 Armstrong 说："正像 20 世纪 70 年代为电子技术产生了信息革命一样，纳米科学技术将成为下一世纪信息时代的核心。"我国已故的著名科学家钱学森也预言：纳米和纳米以下的结构是下一阶段科技发展的一个重点，会是一次技术革命，从而将是 21 世纪又一次产业革命。当前人工智能、集成电路和芯片技术的产生和发展无不与纳米材料和技术密切相关，实现了大师们的预言。

1.2　纳米材料的分类

纳米材料作为材料科学的一个重要分支，与传统材料一样，形成了多种分类方法。

（1）按结构分

根据纳米材料的结构特点，有独特的结构分类法。

零维：空间三维均在纳米尺度 1～100nm 范围，如纳米粒子、原子团簇（图 1-6）。该类材料占据了纳米材料的 90%以上。

一维：空间有两维处于纳米尺度，另一维为宏观延伸，如纳米线、纳米管、纳米棒（图 1-7）。

1

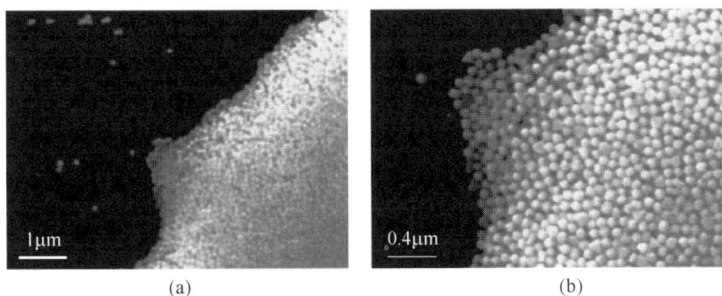

图 1-6　不同扫描电镜放大倍数下化学法合成的 Au 纳米粒子

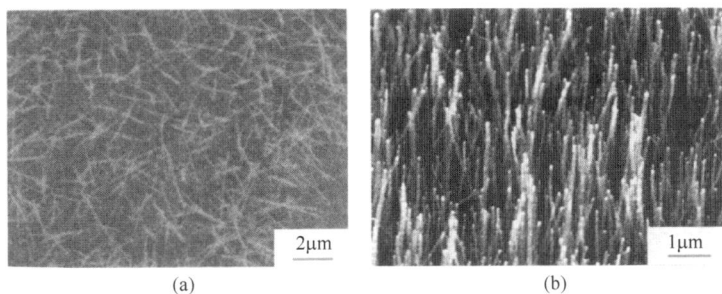

图 1-7　化学气相沉积（CVD）方法生长的氧化锌纳米线（a）和碳纳米管阵列（b）

二维：空间有一维在纳米尺度，其余两维为宏观延伸，如超薄膜、多层膜、超晶格等（图 1-8）。

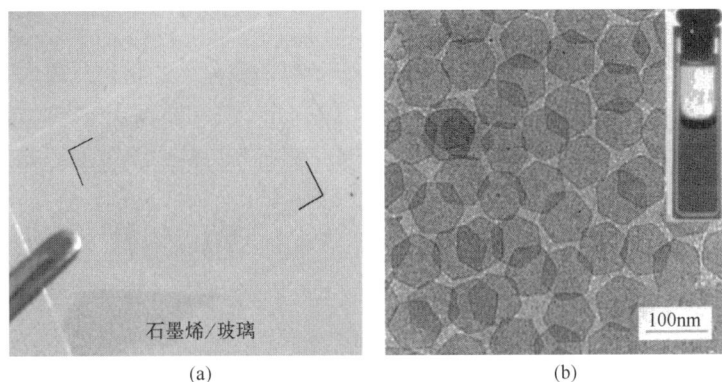

图 1-8　通过 CVD 法制备并转移到玻璃基板上的石墨烯膜（3cm×2.5cm，厚度约 1.4nm）（a）及超薄 Pd 纳米片的透射电镜图像，插图为分散于乙醇中的 Pd 纳米片（b）

三维：亦称纳米相，如纳米介孔材料（图 1-9）。

除了按结构分之外，随着纳米材料制备技术的发展和完善，人们已经可以将几乎所有宏观和微观领域的材料做成纳米材料，因此，纳米材料也可按照传统材料的分类方法，在传统材料前加上纳米前缀进行分类。

（2）按化学组分

按化学组分可分为纳米金属、纳米晶体、纳米陶瓷、纳米玻璃和纳米聚合物等。

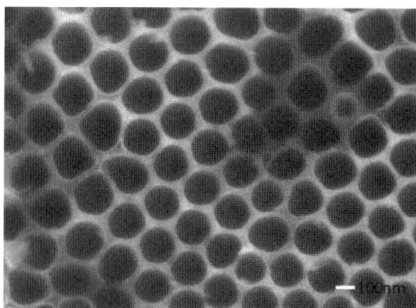

图1-9　介孔二氧化硅/二氧化钛纳米管阵列复合材料

（3）按物理性能分

按物理性能可分为纳米半导体材料、纳米超导材料、纳米铁电材料、纳米磁性材料、纳米非线性光学材料和纳米热电材料等。

（4）按有序性分

按有序性可分为纳米晶体（纳米单晶和纳米多晶等）、纳米非晶体。

（5）按应用分

按应用可分为纳米结构材料、纳米功能材料、纳米催化材料、纳米储能材料、纳米生物医用材料、纳米电子材料、纳米光电子材料和纳米传感材料等。

1.3　纳米材料的研究和应用现状及其发展趋势

随着科学技术的不断进步和世界各国对纳米材料研究投入的增加，人们对纳米材料的认识更加深入和系统，纳米材料已经成为材料科学中的重要分支，世界各国都建立了专门的纳米材料和纳米技术研究机构，取得了丰硕的创新性纳米研究成果。特别是自20世纪80年代以来，纳米材料领域的研究者们发现和制备出了一系列的纳米材料，包括富勒烯、量子点、纳米管和石墨烯等具有优异性能和广泛应用前景的纳米材料。其中富勒烯、石墨烯和量子点分别于1996年、2010年和2023年获得了诺贝尔化学奖和物理奖。我国已建立了众多的纳米研究机构，如中国科学院苏州纳米技术与纳米仿生研究所、中国科学院国家纳米科学中心等，众多高校如北京航空航天大学、南京理工大学、北京科技大学、大连理工大学、苏州大学和东南大学等开设了纳米材料与技术本科专业或相关课程。纳米研究领域也吸引了大批的研究者，目前我国在纳米领域的授权发明专利和发表学术论文数量已经位居全球第一，已成为众多重要的纳米材料如石墨烯、量子点、富勒烯、碳纳米管等的研究、生产和应用大国，相关纳米器件及其应用的研究方兴未艾，纳米材料科学已成为新材料、物理、化学软物质等领域交叉的材料科学的前沿领域，展示出巨大的基础研究和商业应用价值。

思考题

1. 何谓纳米材料？为什么说纳米材料是属于介观领域的材料？

2. 为什么说纳米材料早已存在？请通过调研举出一些古代或自然界中存在的纳米材料的例子。

3. 纳米材料的分类和命名方法有哪些？

4. 根据纳米材料的发展历史，请分析和判断纳米材料未来的发展和应用前景。

📁 参考文献

[1] Yang P, Yan H, Mao S, et al. Controlled growth of ZnO nanowires and their optical properties[J]. Advanced Functional Materials, 2002, 12(5): 323.

[2] Ren Z F, Huang Z P, Xu J W, et al. Synthesis of large arrays of well-aligned carbon nanotubes on glass[J]. Science, 1998, 282(5391): 1105-1107.

[3] Huang X Q, Tang S H, Mu X L, et al. Freestanding palladium nanosheets with plasmonic and catalytic properties[J]. Nature Nanotechnology, 2010, 6(1): 28-32.

[4] 俞书宏. 低维纳米材料制备方法学[M]. 北京: 科学出版社, 2019.

[5] Cao G Z, Wang Y. 纳米结构和纳米材料[M]. 董星龙, 译. 北京：高等教育出版社，2012.

[6] Freestone I, Meeks N, Sax M, et al. The Lycurgus cup: A Roman nanotechnology[J]. Gold Bulletin, 2007, 40(4): 270-277.

[7] Barber D J, Freestone I C. An investigation of the origin of the colour of the Lycurgus cup by analytical transmission electron microscopy[J]. Archaeometry, 1990, 32(1): 33-45.

[8] Faraday M. X. The Bakerian Lecture. Experimental relations of gold (and other metals) to light[J]. Philosophical Transactions of the Royal Society of London, 1857, 147: 145-181.

[9] 刘天西, 张超. 功能纳米复合材料[M]. 北京: 中国铁道出版社, 2021.

[10] 张立德, 牟季美. 纳米材料和纳米结构[M]. 北京: 科学出版社, 2001.

[11] 朱永法. 纳米材料的表征与测试技术[M]. 北京: 化学工业出版社, 2006.

[12] Murty B S. 纳米科学与纳米技术[M]. 谢娟, 译. 北京：科学出版社，2014.

[13] Felice C. Frankel, 王燚, 秦冬, 等. 见微知著: 纳米科学[M]. 合肥: 中国科学技术大学出版社, 2014.

[14] 李群. 纳米材料的制备与应用技术[M]. 北京: 化学工业出版社, 2008.

[15] 邵名望, 马艳芸, 高旭. 纳米材料专业实验[M]. 厦门: 厦门大学出版社, 2017.

第2章

纳米材料的性能和理论基础

2.1 纳米材料的性能

纳米材料之所以能引起人们的极大兴趣和重视并发展为材料科学领域的一个重要的前沿学科，是由于其尺度处于宏观和微观领域之间的介观领域，具有众多独特的物理、化学和力学等性能，这些性能既不同于微观领域的原子和分子，也不同于宏观领域的材料。当宏观或微观领域的材料被加工到介观领域的纳米尺度范围后，由于晶粒尺寸变小，比表面积增大，表面无序排列的原子数、表面张力和表面能等物理参量随纳米粒子粒径的下降而急剧增大，从而展现出传统材料所不具有的特殊性质，包括光学、电学、磁学、化学和力学等性质，其理论机制主要可归结于纳米材料具有的四大效应：小尺寸效应、表面效应、量子尺寸效应和宏观量子隧道效应。

2.2 纳米材料的理论基础

2.2.1 小尺寸效应（small size effect）

当纳米粒子尺寸与光波的波长、传导电子的德布罗意波长以及超导态的相干长度或穿透深度等物理特征尺寸相当时，其晶体周期性的边界条件将被破坏，非晶态纳米粒子的颗粒表面层附近的原子密度减少，导致其声学、光学、电学、磁学、热学、力学、内压、化学活性等与普通粒子相比均有很大变化，称为纳米粒子的小尺寸效应。

如图 2-1 所示，当纳米粒子的粒径与平均自由程相当时，界面对电子的散射起明显作用，而常规材料中的晶内散射变弱，使得金属纳米相材料的电阻增加。同样，当纳米粒子的粒径与光波长、激子半径、超导相干长度和单畴临界尺寸等相当时，相对于常规材料，纳米材料相应呈现出独特的宽频带强吸收、激子增强吸收、磁有序态向无序态转变、

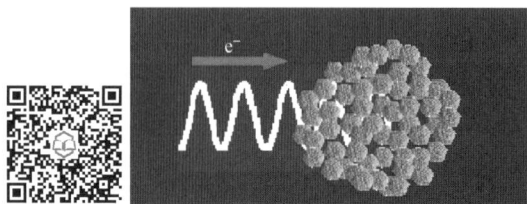

图 2-1 小尺寸效应

超导相向正常相转变和磁性纳米粒子的高矫顽力等。因此，小尺寸效应对纳米材料性能的影响使得纳米材料具有众多独特的优异性能，具体包括如下。

① 特殊的光学性能：金属纳米颗粒对光的反射率很低，通常低于1%，几微米的厚度就能完全消光。所以，所有的金属在超微纳米颗粒状态多呈现黑色。例如，当黄金被细分到小于光波波长的尺寸时，即失去了原有的富贵光泽而呈深棕黑色。而且，尺寸越小，颜色越深，越接近黑色。例如，银白色的铂（白金）在超微纳米颗粒状态变成铂黑（见图2-2）；银色的银在超微纳米颗粒状态变成灰黑色。

图2-2　当纳米粒子尺寸变小时，银白色的铂变成黑色的铂黑

② 特殊的热学性能：由于有大量原子处于能量相对较高的界面中，颗粒熔化时所需增加的内能比块体材料熔化时所需增加的内能要小很多，从而使纳米材料的熔点降低。对于大尺寸的固态体材料，其熔点是固定的，超细微化后其熔点将显著降低，当颗粒小于10nm量级时变化尤为显著。例如，银的熔点为960.5℃，银纳米粒子在低于100℃开始熔化；铅的熔点为327.4℃，20nm球形铅纳米粒子熔点为39℃；铜的熔点为1053℃，粒径为40nm的铜纳米粒子熔点为550℃；金的常规熔点是1064℃，10nm的金纳米粒子熔点降低了27℃，2nm的金纳米粒子熔点仅为327℃（见图2-3）。

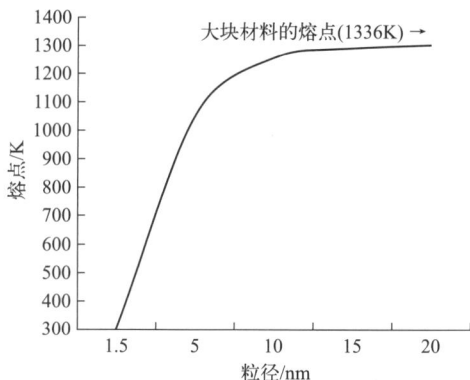

图2-3　Au 纳米粒子的粒径与熔点的关系

③ 特殊的力学性能：陶瓷材料在通常情况下，脆性高、韧性差，然而，由纳米超微颗粒压制成的纳米陶瓷却具有良好的韧性。这主要是由于纳米粒子组成的陶瓷和金属材料内

部具有大的界面，而界面的原子排列混乱度高，原子在外力变形的条件下很容易迁移，因此表现出优异的韧性与一定的延展性，使得陶瓷材料具有高硬度的同时兼具良好的韧性。同样，由纳米晶粒组成的金属，由于内部界面的增加，其硬度比由传统的粗晶粒组成的金属高 3～5 倍并具有良好的韧性。

金属纳米粒子较传统的金属体材料展现出优异的力学性能，如图 2-4 所示，球形纳米铜颗粒的杨氏模量随着颗粒直径的减小而增大，剪切模量随着颗粒直径的减小而减小。

碳纳米管和石墨烯等纳米碳材料，碳原子之间通过 sp^2 杂化紧密排列成的蜂窝状结构和高的比表面积，使其具有很高的强度和柔性。

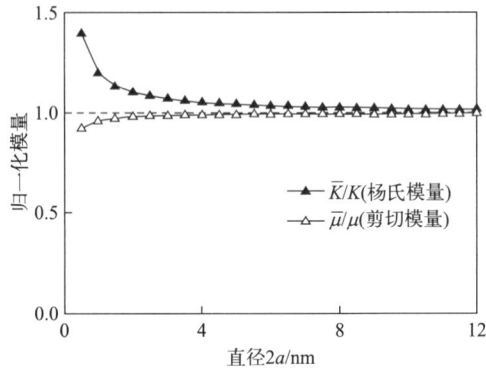

图 2-4　球形纳米铜颗粒杨氏模量和剪切模量的小尺寸效应

④ 特殊的电学性能：当金属纳米颗粒小于某一临界尺寸（电子平均自由程）时，电阻温度系数可能会由正变负，即随着温度的升高，电阻反而下降。

其主要原因是：纳米材料体系中存在的大量界面使得界面散射，电阻值大幅度提高，而且，粒径尺寸越小，对总电阻的影响越大，导致总电阻趋向于饱和值，随温度的变化趋缓。当粒径低于临界尺寸时，量子尺寸效应造成的能级离散性不可忽视，使得温升造成的热激发电子对电导的影响增大，从而导致温度系数变负。

图 2-5 为纳米银电阻温度特性随其粒径的变化，可以看出，随着银纳米粒子尺寸减小，该纳米材料电阻-温度依赖关系发生根本性变化。

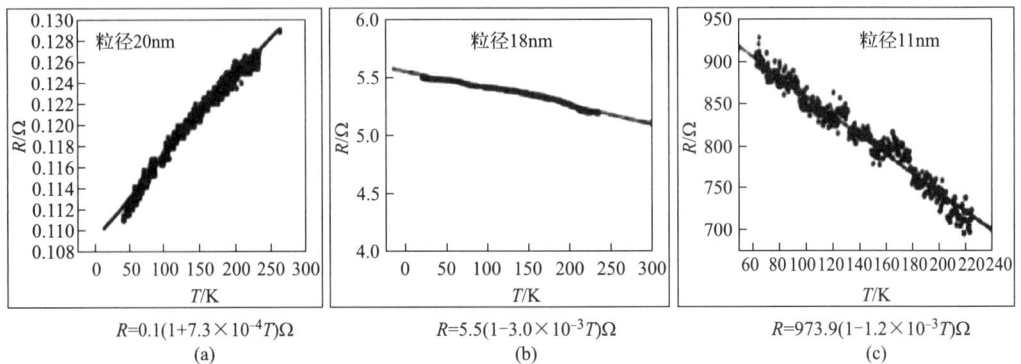

$R=0.1(1+7.3\times10^{-4}T)\Omega$　　　$R=5.5(1-3.0\times10^{-3}T)\Omega$　　　$R=973.9(1-1.2\times10^{-3}T)\Omega$

(a)　　　　　　　　　　　　　(b)　　　　　　　　　　　　　(c)

图 2-5　纳米银电阻温度特性随粒径变化

⑤ 特殊的磁学性能：磁性纳米材料的特性不同于常规的磁性材料，其原因是与磁相关的特征物理长度恰好处于纳米量级，例如，磁单畴尺寸、超顺磁性临界尺寸、交换作用长度以及电子平均自由程等处于 1～100nm 量级，当磁性体的尺寸与这些特征物理长度相当时，就会呈现反常的磁学性质——超顺磁性。当纳米粒子的尺寸高于超顺磁临界尺寸时，材料通常呈现高矫顽力。当晶粒尺寸大于单畴尺寸时，矫顽力 H_c 与平均晶粒尺寸 D 的关系为：$H_c=C/D$（C 为与材料有关的常数）；当晶粒尺寸小于某一尺寸后，矫顽力 H_c 与平均晶粒尺寸 D 的关系为：$H_c=C'D^6$（C'为与材料有关的常数）。

图 2-6 为 Fe 基合金矫顽力 H_c 与晶粒尺寸 D 的关系。

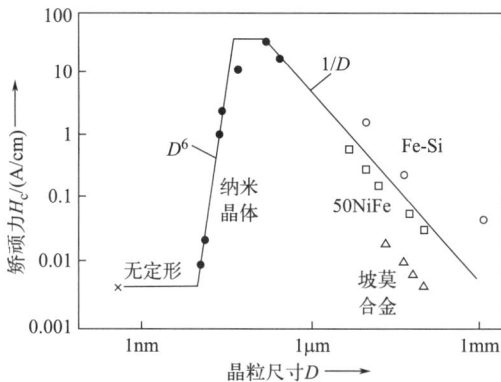

图2-6 Fe基合金矫顽力 H_c 与晶粒尺寸 D 的关系

2.2.2 表面效应（surface effect）

纳米粒子尺寸小、表面积大、表面能高，位于表面的原子占相当大的比例，其表面原子的晶体场环境和结合能与内部原子不同，即表面原子周围缺少相邻的原子，有许多不饱和键和悬键，配位不足，具有很高的活性，易于与其他原子结合而稳定下来，因而表现出高的化学活性和催化活性，熔点、烧结温度和晶化温度降低等。

例如，粒径为 30nm 的 Ni 可以使加氢或脱氢反应速率提高 15 倍。又如，对于金红石结构的 TiO_2 纳米材料，当其比表面积由 2.5m²/g（粒径约 400nm）变为 76m²/g（约 12nm）时，它对 H_2S 气体分解反应的催化效率也可以提高 8 倍以上。

随着粒子尺寸的变小，表面积迅速增大（图 2-7），粒子表面原子数急剧增加（表 2-1）。

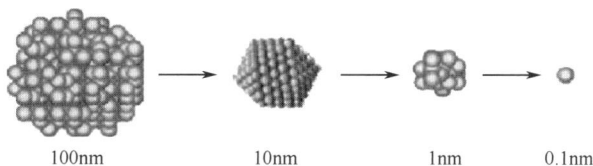

100nm   10nm   1nm   0.1nm

图2-7 随着尺寸的减小，表面积迅速增大

表 2-1   CdTe 纳米粒子尺寸大小与表面原子所占比例的关系

微粒尺寸 D/nm	原子总数	表面原子所占比例/%
1.0	17	70.6
1.5	66	60.6
2.0	136	48.5
2.5	275	40.7
4.0	1015	29.4
6.0	3350	20.0
10.0	19028	11.4

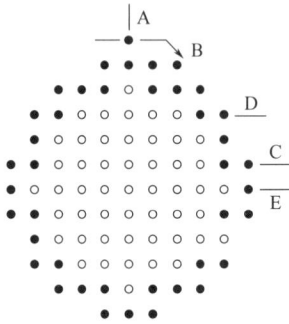

图 2-8   单一立方结构的晶粒的
二维平面图

表面积的增大使得纳米粒子表面活性增高，图 2-8 所示的是单一立方结构的晶粒的二维平面图。假定颗粒为圆形，实心圆代表位于表面的原子，空心圆代表内部原子，颗粒尺寸为 3nm，原子间距为约 0.3nm，实心圆的原子近邻配位不完全，缺少一个近邻的 "E" 原子，缺少两个近邻的 "D" 原子和 3 个近邻配位的 "A" 原子，像 "A" 这样的表面原子极不稳定，很快跑到 "B" 位置上，这些表面原子遇见其他原子时会很快结合，使其稳定化。这种表面原子的活性不但引起纳米粒子表面原子输运和构型的变化，同时也引起表面电子自旋构象和电子能谱的变化。

例如，用高倍电子显微镜对直径为 2nm 的 Au 颗粒进行动态观察，形态随时而变：立方八面—十面—二十面体多晶等。尺寸大于 10nm 后，进入相对稳定态。金属的纳米粒子在空气中会燃烧，无机的纳米粒子暴露在空气中会吸附并与气体进行反应。

2.2.3   量子尺寸效应（quantum size effect）

量子尺寸效应是当粒子尺寸下降到某一值时，金属费米能级附近的电子能级由准连续变为离散能级的现象。或者纳米半导体的最高被占据分子轨道（HOMO）和最低未被占据分子轨道（LUMO）能级由准连续变为离散能级，同时，能隙变宽的现象。

如图 2-9 所示，由于费米能级附近的电子能级会由准连续态变为离散能级，同时能隙变宽，纳米微粒的声学、光学、电学、磁学、热学以及超导性与宏观特性有着显著的不同。例如：会出现导体转变为绝缘体、吸收光谱蓝移、波长变宽、纳米颗粒发光等现象，与常规材料相比存在显著差异。同时，纳米粒子的离散量子化能级中电子的波动性，也给纳米微粒带来一系列特殊的性质，如高的非线性光学性质、奇特的化学催化和光催化性质、强氧化和还原性质等。

例如，半导体 Si 和 Ge 都属于间接带隙半导体材料，通常情况下难以发光，但当它们的粒径分别减小到 5nm 和 4nm 以下时，由于能带结构的变化，就会表现出明显的可见光发射现象，且粒径越小，发光强度越强，发光光谱逐渐蓝移。进一步的研究发现其他纳米材料，如纳米 CdS、SnO_2、Al_2O_3、TiO_2 和 Fe_2O_3 等也具有粗晶状态下没有的发光现象。

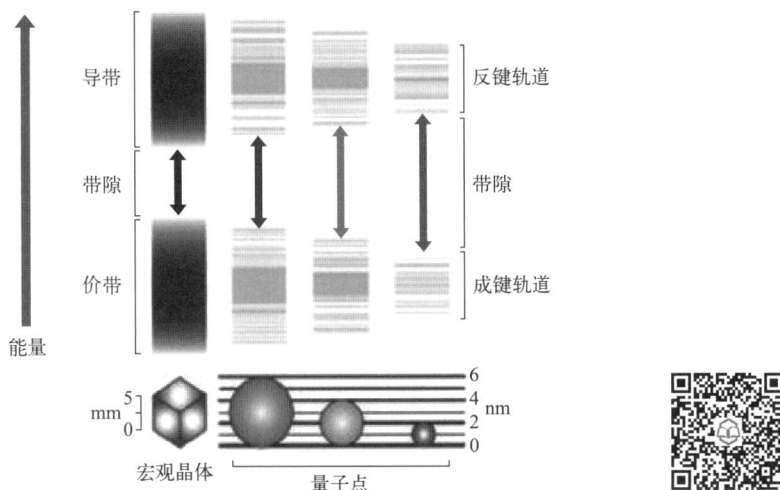

图 2-9　随着纳米微粒尺寸的减小，能隙急剧增大

由图 2-10 可以看出，CdSe 量子点纳米材料的光谱随着尺寸的变小而有明显的蓝移。

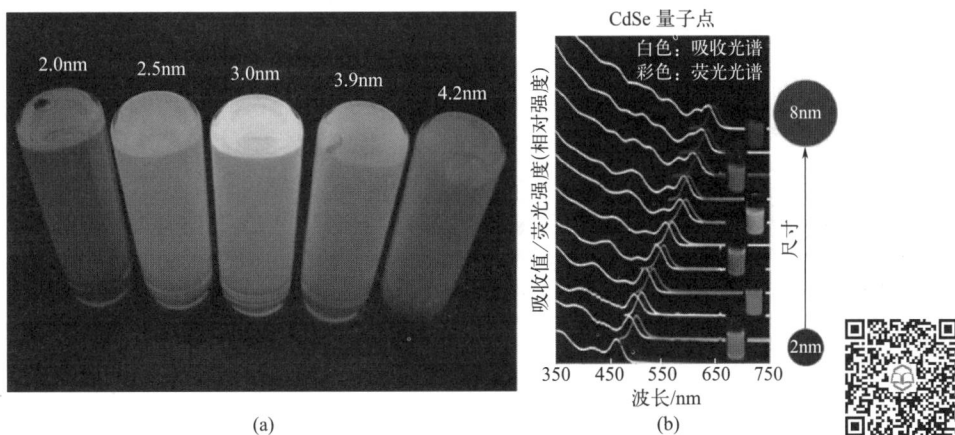

图 2-10　不同尺寸 CdSe 半导体量子点的光学特性

2.2.4　宏观量子隧道效应（macroscopic quantum tunneling effect）

微观粒子贯穿势垒的能力称为隧道效应（图 2-11）。近年来，人们发现了一些宏观量，如磁化强度，量子相干器中的磁通量也具有隧道效应，当量子点在一起形成纳米有序阵列，载流子一起跨越多个势垒移动时，它们在宏观上表现为导通状态，这就是宏观量子隧道效应。宏观量子隧道效应的研究对基础研究及应用都有着重要意义。它限定了磁带、磁盘进行信息贮存的时间极限。量子尺寸效应、隧道效应将会是未来微电子器件的基础，它确立了现存微电子器件进一步微型化的极限。当微电子器件进一步细微化时，必须考虑上述的量子效应。例如，在制造半导体集成电路时，当电路的尺寸接近电子波长时，电子就通过隧道效应而溢出器件，使器件无法正常工作，经典电路的极限尺寸大概在 0.25μm。目前研制的新一代器件——量子共振隧穿晶体管，就是利用量子隧道效应研制而成的（图 2-12）。

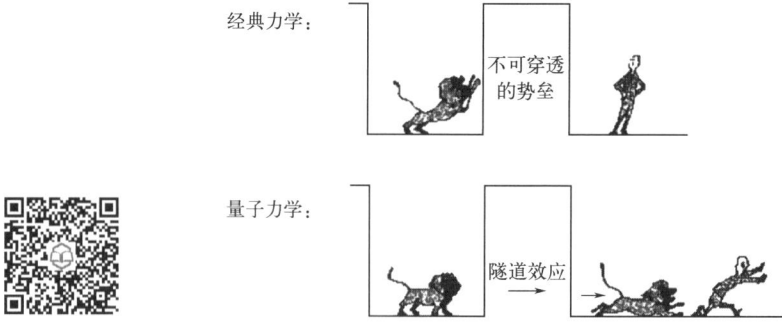

图 2-11 宏观量子隧道效应

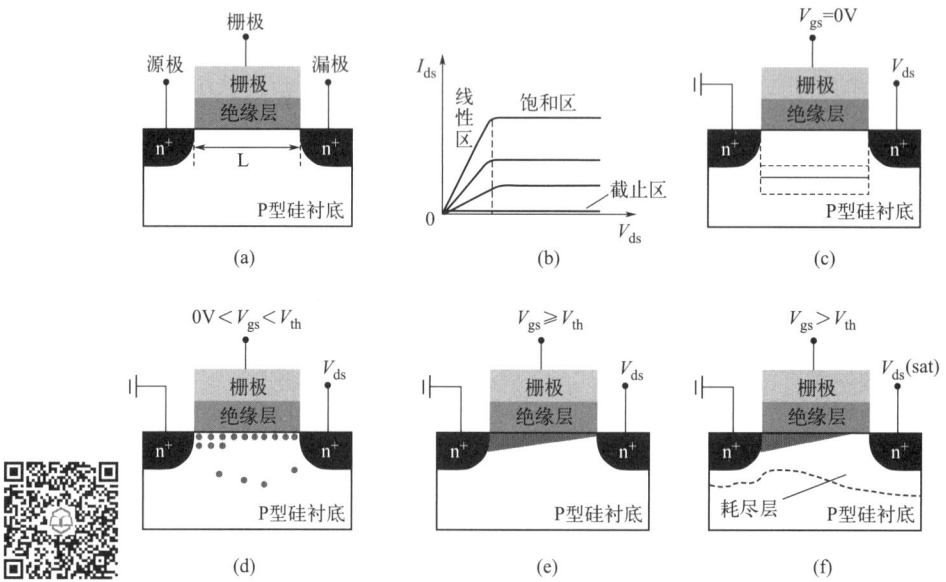

图 2-12 量子共振隧穿晶体管结构

纳米材料具有的以上四大效应决定了其物理、化学性质既不同于微观的原子、分子，也不同于宏观物体，构筑了纳米材料研究的理论基础，能够准确解释和理解纳米材料的独特性能，并开拓新的应用领域。如银粒子在 10~15nm 时电阻突然升高，变成非导体，在低温时，纳米金属粒子会呈现绝缘性；对于金属与非金属复合成的纳米颗粒膜，改变其组成配比可使膜由导电变成绝缘。具有半导体特性的纳米氧化物在室温下具有比常规的氧化物高的导电性，可有效用于防静电涂层。纳米粒子活性高，许多金属纳米粒子室温下在空气中被强烈氧化而燃烧；纳米 Cr 和纳米 Cu 粒子在室温下加压可反应形成金属化合物；利用无机纳米粒子对气体的吸附做成气敏传感器；纳米 Ni、Cu 或 Zn 粒子是极好的催化剂，可用来代替昂贵的 Pt 或 Pd。人们可以根据尺度的调控，制备出具有特殊性能的新材料，为新材料研发提供了新思路。

思考题

1. 纳米材料有哪些优异的物理和化学性能？
2. 纳米材料有哪四大效应？如何理解这四大效应？
3. 举例说明如何根据纳米材料的四大效应解释纳米材料所具有的独特性能。
4. 如何理解纳米材料的优异性能及其在未来科技发展中的作用？

参考文献

[1] 马洪鑫. 金属纳米材料电化学性能尺寸效应的理论研究[D]. 北京: 北京科技大学, 2020.

[2] Wang C X, Chen J, Yang G W, et al. Thermodynamic stability and ultrasmall-size effect of nanodiamonds[J]. Angewandte Chemie (International Ed), 2005, 44(45): 7414-7418.

[3] Liu P X, Qin R X, Fu G, et al. Surface coordination chemistry of metal nanomaterials[J]. Journal of the American Chemical Society, 2017, 139(6): 2122-2131.

[4] 朱道佩,晏浩城,田思远. 铁电纳米颗粒相变中的尺寸效应[J].科学技术与工程,2022,22(5):1995-2001.

[5] 秦国刚. 纳米硅/氧化硅体系光致发光机制[J]. 红外与毫米波学报, 2005, 24(3): 165.

[6] 颜鑫, 周继承, 邓新云. 纳米碳酸钙四大纳米效应应用表现[J]. 化工文摘, 2008(4): 44-47.

[7] 颜鑫, 王佩良, 舒均杰. 纳米碳酸钙关键技术[M]. 北京: 化学工业出版社, 2007.

[8] 岳林海, 水淼, 徐铸德. 纳米级粒径超细碳酸钙热分解动力学[J]. 无机化学学报, 1999, 15(2):89-93.

[9] 江龙. 量子化尺寸纳米颗粒及其在生物体系中的作用[J]. 无机化学学报, 2000, 16(2): 185-194.

[10] 张瑞鹏. 纳米晶结构特征及其材料性能研究进展[J]. 成功(教育), 2012(2): 102.

[11] Savage K J, Hawkeye M M, Esteban R, et al. Revealing the quantum regime in tunnelling plasmonics[J]. Nature, 2012, 491(7425): 574-577.

[12] Asha A B, Narain R. Polymer Science and Technology—Fundamentals and Applications[J]. Nanomaterials properties. 2020, 15:343–359.

[13] Özdemir O, Kopac T. Recent progress on the applications of nanomaterials and nano-characterization techniques in endodontics: A review[J]. Materials, 2022, 15(15): 5109.

[14] Aflori M. Smart nanomaterials for biomedical applications-a review[J]. Nanomaterials, 2021, 11(2): 396.

[15] Baig N, Kammakakam I, Falath W. Nanomaterials: A review of synthesis methods, properties, recent progress, and challenges[J]. Materials Advances, 2021, 2(6): 1821-1871.

[16] Koetz J. The effect of surface modification of gold nanotriangles for surface-enhanced Raman scattering performance[J]. Nanomaterials, 2020, 10(11): 2187.

[17] Ishizaki T, Yatsugi K, Akedo K. Effect of particle size on the magnetic properties of Ni nanoparticles synthesized with trioctylphosphine as the capping agent[J]. Nanomaterials, 2016, 6(9): 172.

[18] Yadav P, Chakraborty S, Moraru D, et al. Variable-barrier quantum coulomb blockade effect in nanoscale transistors[J]. Nanomaterials, 2022, 12(24): 4437.

第3章

纳米材料的制备基础与方法

3.1 纳米材料制备基础

如前所述，纳米材料的尺度处于介观领域（图1-1），除了自然界存在的为数不多的天然纳米材料外，大多数的纳米材料需要通过人工制备的途径，将已有的处于宏观领域和微观领域的材料制备成纳米材料，即"从上到下"（top-down）和"从下到上"（bottom-up），前者是将处于宏观领域的材料制备成纳米材料，包括在宏观领域材料表面刻出纳米结构或向该表面加入大分子团聚，后者则是将微观领域的原子或分子组装成纳米材料。

纳米材料的制备是纳米技术的基础，纳米技术的发展取决于研究人员能否高效率地制造小于100nm的结构。北京大学纳米化学研究中心的学者通过原子力显微镜（AFM）针尖对基质Au-Pd合金上的机械刻蚀，书写了世界上最小的唐诗（10μm×10μm），如图3-1所示。

中国科学院化学研究所的科学家利用扫描隧道显微镜（STM）针尖在石墨表面刻蚀的方法，刻蚀出了各种纳米图案。图3-2是他们刻蚀的纳米级中国地图的主要轮廓，线粗细为10nm。

图3-1 通过AFM针尖对基质Au-Pd
合金上的机械刻蚀书写世界上最小
的唐诗（10μm×10μm）

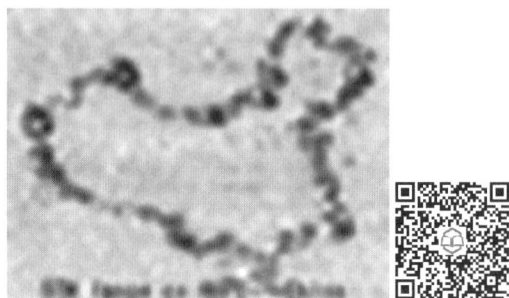

图3-2 STM针尖在石墨图表面刻蚀的
纳米级中国地图的主要轮廓

纳米材料的制备方法按照学科分类可分为物理法和化学法，其中物理法可以分为：气体冷凝法、球磨法、溅射法等；化学法可分为：化学沉淀法、溶胶-凝胶法、微乳液法、高温高压溶剂热法、燃烧合成法和模板合成法和电解法等。按照物质的状态可分为固相法、液相法和气相法。按制备技术可分为机械粉碎法、气体蒸发法和溶液法等。

自 20 世纪初以来，人们已相继研发了各种纳米材料的物理和化学制备方法，制备出高性能的纳米材料，建立了不同纳米材料的有效制备系统。最初是利用物理法中的热蒸发技术来制备金属及其氧化物粒子，到 20 世纪中期，研发出机械粉碎法使物质粒子细化至微米级。随着近年来各种高新技术（如激光技术、等离子技术等）的发展，可以制备出均匀、高纯、超细且分散性良好的纳米粒子。与物理法合成纳米材料相比，化学法具有设备简单、原料容易获得、纯度高、均匀性好、化学组成控制准确等优点，主要用于氧化物、化合物等纳米材料的制备。

3.1.1　物理法

物理法制备纳米材料的技术可以分为粉碎法和构筑法两大类，粉碎法包括干式粉碎和湿式粉碎，构筑法包括气体冷凝法、溅射法、真空沉积法、加热蒸发（或气体冷凝）和等离子体法等。其中，粉碎法和构筑法中的气体冷凝法是通过"top-down"的方式合成纳米材料，而构筑法中的溅射法和等离子体法是通过"bottom-up"的方式合成纳米材料。

其中，粉碎法包括几种典型的粉碎技术，如球磨、振动球磨、振动磨、搅拌磨、胶体磨、纳米气流粉碎等。物料被粉碎时常常会导致物质结构表面物理和化学性质发生变化，如表面结构自发地重组形成非晶结构或重结晶、电性、吸附、分散与团聚等性质，反复应力使局部发生化学反应导致物料中化学组成发生变化。

构筑法是由原子或分子的聚集合成超微粒子的过程。该法通过电阻加热、等离子体加热、激光加热、电子束加热等加热方法，采用蒸发、离子溅射、溶剂分散等技术使块体材料原子分子化，然后在惰性气体中或不活泼的气体、流动的油面上凝聚，形成纳米粒子。目前制备纳米材料最常用的物理法有气体冷凝法、球磨法和溅射法等。

3.1.1.1　气体冷凝法

气体冷凝法，又称蒸发-冷凝法，早在 20 世纪 80 年代，Gleiter 等人就利用蒸发冷凝法制备出钯、铁等表面清洁的纳米材料。其基本原理是在氩、氮等惰性气体中将金属、合金或陶瓷利用蒸发源加热，使金属、合金或陶瓷气化，其气体分子与惰性气体相撞，冷却凝结而形成纳米微粒，如图 3-3 所示。

在气体冷凝法中，影响纳米粒子粒径大小的因素主要包括蒸发速度和温度、惰性气体的压力和原子量以及沉积基板的温度等。从图 3-4 可以观察到，随着惰性气体压力的不断增加，平均微粒直径不断增大。同时，微粒平均直径随惰性气体原子质量的增大也在不断增大，这是由于大原子量的惰性气体的存在会使碰撞的概率增加，冷却速度加快，粒径变大。此外，随着蒸发温度的升高，被蒸发物质的浓度不断加大，使碰撞概率增多，粒径变大。因此可以通过调节惰性气体的压力、原子量、蒸发温度等因素调控纳米粒子直径的大小。

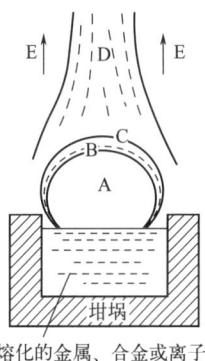

图 3-3　气体冷凝法制备纳米微粒原理

A—蒸气；B—刚产生的超微粒子；C—成长的超微粒子；D—连成链状的超微粒子；E—惰性气体

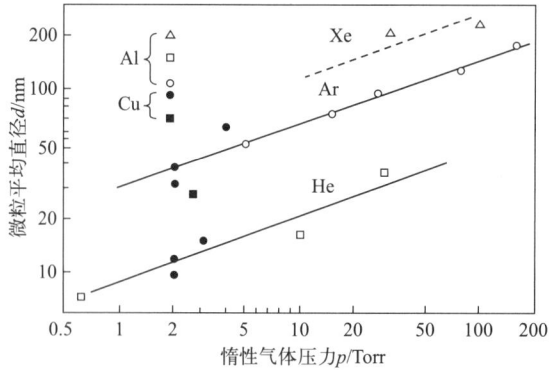

图 3-4　Al、Cu 超微粒的平均直径与惰性气体压力的关系（1Torr=133Pa）

采用气体冷凝法已经成功制备出了纳米合金粉体、纳米氧化物、纳米金属粉体等多种纳米材料。此方法的优点是可以制备出表面清洁的纳米粒子，纯度高，同时纳米粒子的粒径是可控的，可以通过调节加热速度、温度、沉积基板温度、惰性气体压力和种类等参数来调控。但是气体冷凝法的产量较低，设备要求较高，主要包括加热源、真空系统和沉积基板。其中加热源直接影响加热速度和温度的调控，对纳米粒子的大小影响大。目前，研究者们基于不同的加热源和气体冷凝法的机理，开发出不同的气体冷凝技术，包括电阻加热法、高频感应加热法、等离子体加热法、爆炸丝法、流动油面真空沉积法（VEROS）、电子束加热法、激光加热法等。

（1）电阻丝加热法

图 3-5 为电阻加热制备纳米粒子的装置，通常使用钨丝等高温金属螺旋线圈或舟状的电阻发热体。首先在坩埚中放入被蒸发材料，使用机械泵等对装置抽真空，通入一定压力的惰性气体（氩气、氮气等），通电加热坩埚，使其中原材料蒸发，蒸发气体在上升过程中与惰性气体分子碰撞损失掉大部分的能量并冷却，气态被蒸发材料最初以原子簇的形式存在，在冷却的过程中逐渐形成单个的纳米颗粒，最后在冷却基板表面聚集起来，采用聚四氟乙烯刮刀刮下即可获得纳米粉体。此种方法制备纳米粉体操作简单易行，在常规的真空设备上添加很少的部件就可制备纳米颗粒。缺点是温度的稳定性不高，使用电阻加热法一次蒸发量较少，产量很低。蒸发材料通常放在 W、Mo、Ta 等的螺旋状载样台上，此法主要是用于 Ag、Al、Cu 和 Au 等低熔点金属的蒸发。当发热体与蒸发材料在高温熔融后容易形成合金，或者蒸发材料的蒸发温度高于发热体的软化温度以及希望制备高纯度纳米材料时，不能用此方法进行加热蒸发。

（2）高频感应加热法

高频感应加热法以高频感应线圈作为加热蒸发物质的热源，如图 3-6 所示。

通入高频感应电流，使耐火坩埚内的金属在涡流的作用下加热蒸发，蒸发气体在向上的气流中与惰性气体相互碰撞，损失掉大部分的能量后冷却凝固成纳米颗粒。此方法的优点是熔体的蒸发温度可保持在恒定温度；熔体均匀；可在长时间内以恒定功率运转；高频感应线圈本身的发热量很低，不会因为温度过高而损毁；在真空熔融中，作为工业化生产规模的加热源功率可达 MW 级。缺点是制备 W、Mo、Ta 等高熔点低蒸气压纳米粒子非常困难。

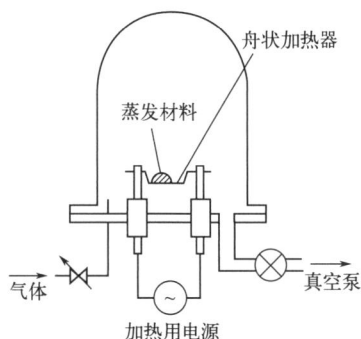

图 3-5　电阻加热制备纳米粒子的装置

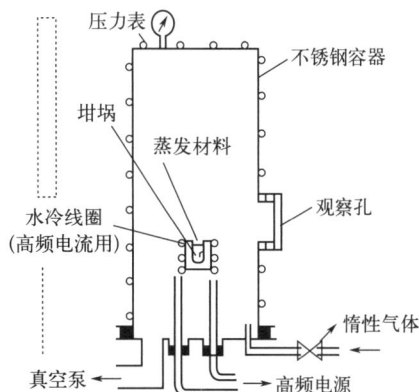

图 3-6　高频感应加热制备纳米粒子的装置

（3）等离子体加热法

等离子体（plasma）是不同于固体、液体和气体的物质第四态，对外呈电中性，内部含有大量的阴阳离子。物质在气体状态接受足够的能量即可变为等离子体状态。自然界中 99%的可见物质都是以等离子态的状态存在的，例如恒星/太空是由带电粒子（包括离子、电子、离子团）和中性离子组成的系统，等离子体可以被看作是一种特殊的电离气体。利用等离子体尾焰的温度较高、离开尾焰区的温度急剧下降的特性，人们已开发出多种等离子体处理、材料合成和熔化加工装置，如图 3-7 所示。

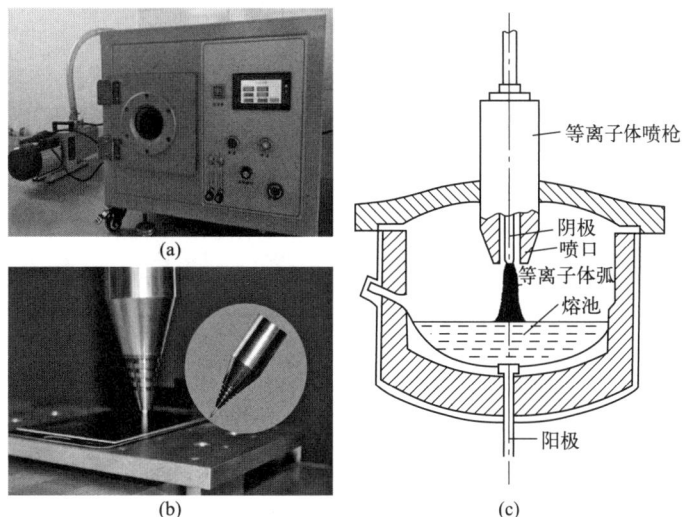

图 3-7　等离子体在材料领域典型应用装置

（a）材料合成和处理机；（b）材料切割机；（c）材料熔化炉

等离子体按其产生方式可分为直流（DC）电弧等离子体和射频（RF）等离子体，由此产生了直流电弧等离子体法和混合等离子体法等制备纳米粒子的方法。其中直流电弧等离子法通过直流放电使得惰性气体电离产生高温等离子体，使原材料熔化和蒸发，材料蒸气

上升过程中与周围惰性气体等碰撞，损失能量，冷却而形成纳米粒子。图 3-8 为采用此方法制备银包覆镍纳米粒子的装置。

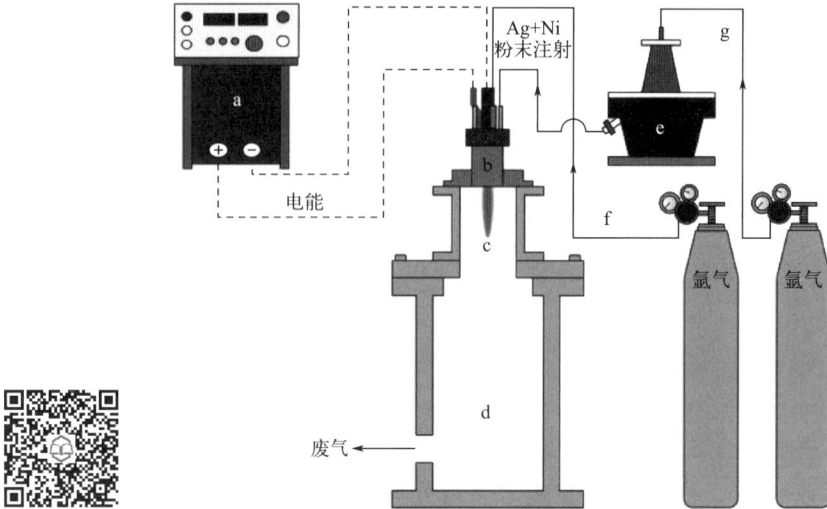

图 3-8   直流电弧等离子体法制备银包覆镍纳米粒子的装置

a—DC 电源；b—等离子体弧焰；c—反应管；d—反应室；e—粉末给料机；
f—等离子体形成气体管线；g—粉末载气管线

图 3-9 为图 3-8 中等离子体弧焰区的截面图。

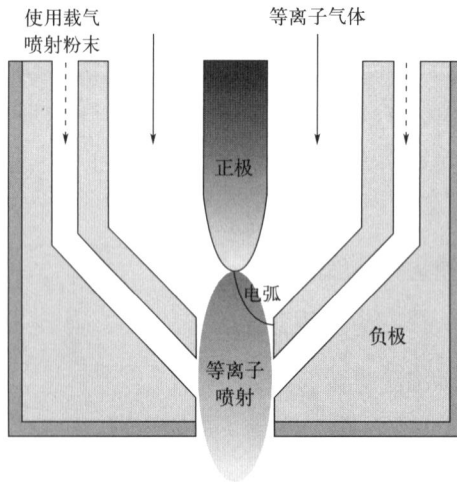

图 3-9   直流电弧等离子体弧焰区的截面图

当载气携带原料进入 DC 等离子体弧焰区时，利用等离子体弧焰的特性，即尾焰的温度较高，脱离尾焰区后温度急剧下降而处于过饱和状态，从而成核结晶形成纳米微粒。采用此方法可制备高熔点金属及合金等纳米材料，如表 3-1 所示。

混合等离子体加热法是采用射频 (RF) 等离子体为主要加热源，并结合 DC 等离子体，组成混合等离子体加热方式，制备纳米粒子。其实验装置如图 3-10 所示。

表 3-1　直流电弧等离子体合成的各类金属纳米材料

原料	气体和压力	产品
Fe	CH_4，13.3～66.7kPa	Fe 纳米粒子
Fe	H_2、Ar，40kPa	Fe 纳米粒子
Ni	Ar/He /N_2，0.4～1.4kPa	Ni 纳米粒子
Ni	He /He，H_2，101.3kPa	Ni 纳米粒子
$Co_{20}Cu_{80}$	H_2/He（3：7，体积比），13.3kPa	Co-Cu 纳米粒子
微米级 Sn-Ag 合金	Ar/Ar、H_2，101kPa	Sn-Ag 纳米粒子
Fe，Sn 粉末	H_2、Ar，101.3kPa	Fe-Sn 纳米粒子（$FeSn_2$、Fe_3Sn_2、SnO_2）

图中所示石英管外的感应线圈通入电流后会产生几兆赫兹的高频磁场，将气体电离形成 RF 等离子体，载气携带原材料经等离子体加热、气化，在冷却壁上形成纳米粒子。在此过程中，气体或原料进入 RF 等离子体弧焰区会影响其对原料的稳定加热和气化，使得纳米粒子形成困难。而沿着等离子室轴向同时喷出 DC 等离子体电弧束，可有效防止气体或原料对 RF 等离子体电弧焰的干扰。混合等离子法是采用射频等离子体与直流等离子体混合的方式获得纳米粒子。

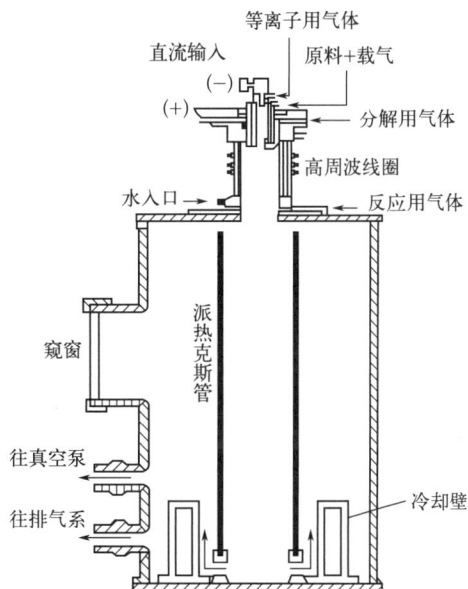

图 3-10　混合等离子体法制备纳米粒子装置

混合等离子体制备纳米粒子有三种制备方法：①等离子蒸发法，使大颗粒金属和气体流入等离子室，生成金属纳米粒子；②反应性等离子蒸发法，使大颗粒金属和气体流入等离子室，同时通入反应性气体，生成化合物纳米粒子；③等离子化学气相沉积（CVD）法，化合物随载气流入等离子室，同时通入反应性气体，生成化合物纳米粒子。

该制备方法有以下优点：①产生 RF 等离子体时没有采用电极，无电极物质混入等离子体而导致等离子体中含有杂质，可制得高纯度的纳米粒子；②可以使用非惰性气体，而且等离子体所处空间大，气体流速比直流等离子体慢，反应物质在等离子区停留时间长，物质可以充分加热和反应；③既可制备金属纳米粒子，也可制备化合物纳米粒子。

（4）电子束加热法

利用高能电子束为加热源，使原料蒸发、冷却、成核、结晶，形成纳米粒子。图 3-11 为装置示意图。

高能电子束由处于高真空（约 0.1Pa）腔中的电子枪阴极在高电压下放射出来，经过电磁透镜聚焦到蒸发槽中的线状蒸发材料或坩埚中的原料上，产生的高温使得原料熔化、蒸发，经与蒸发槽中的惰性气体分子碰撞、冷却，最后沉积在回收器上形成纳米材料。高能电子束可以产生很高的温度，因此，可用于金属，特别是高熔点金属如 W、Ta、Pt 等高纯纳米材料的制备。但是，如果原料不使用线材而使用坩埚，其内部原料经电子束加热熔化后，将会与坩埚壁反应，引入杂质，降低纳米材料的纯度。

（5）激光加热法

用激光束作为加热源，利用高能光子产生的热量使原料熔化、蒸发、冷却、成核和结晶，形成纳米材料。其装置如图 3-12 所示。

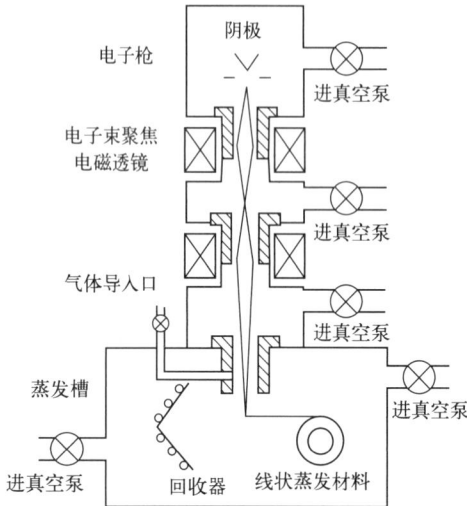

图 3-11　电子束加热法制备纳米粒子装置　　　图 3-12　激光加热法制备纳米粒子装置

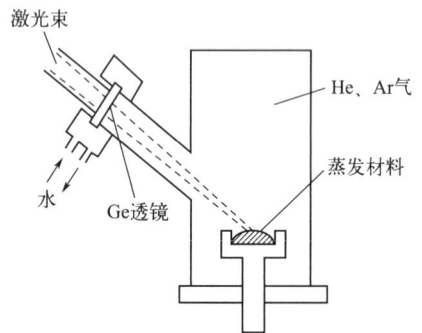

该装置与电阻丝加热装置类似，在真空腔中引入一定压力的惰性气体，高能激光束通过由 Ge 等做的透明窗口聚焦到原料上，使其熔化、蒸发，与惰性气体分子碰撞，冷却、成核、结晶形成纳米材料。该方法优点在于：加热源可以放在系统外，不受蒸发室的影响；适用于金属（包括高熔点金属）、化合物等的蒸发，获得高纯度的纳米材料。采用该方法制备纳米材料，激光源的种类、惰性气体压力和收集器温度是影响纳米粒子形成的主要因素。研究者们采用 CO_2 激光器在 Ar 气氛中照射 SiC 粉末，随着气氛压力的增加，形成的纳米粒子直径增加，Ar 气压力为 1.3kPa 时，形成的 SiC 纳米颗粒的粒径为 20nm。

研究者们还采用脉冲 Nd：YAG 激光器（平均最大功率约 200W，脉冲宽度 3.6ms，脉冲能量 20～30J），在 He 等惰性气体中制备出了 Fe、Ni、Gr、Ti、Zr、Mo、Ta、W 等各种金属纳米材料。若通入活性气氛，则制备出氧化物等陶瓷纳米材料。通过调控激光束能量、气氛压力和收集器温度，可以有效调控纳米粒子的粒径。

（6）爆炸丝法

图 3-13 为爆炸丝法制备纳米粒子的装置示意图，其基本原理是把金属丝固定在一个含有电容器的回路中，在其中充满惰性气体，然后施加高压给金属丝进行加热，达到一定的温度后，金属丝会发生熔断，两端与电容器相连的部分放电，在一瞬间产生爆炸的效果，金属丝在放电的过程中加热变成蒸气，与惰性气体相互碰撞，损失能量后冷却沉积在底部，制备出纳米粉体。

这种方法适用于工业上连续生产纳米粒子，可以制备无机和有机化合物以及复合金属的纳米粒子。采用爆炸丝法制备的金属和合金纳米粒子如图 3-14 所示，这种方法用于工业化生产具有以下特点：

① 操作简单，原料为金属丝，随时随地方便地制备纳米颗粒，适用于几乎所有金属、合金及金属氧化物。

② 高纯度，可以制备高熔点金属纳米颗粒，例如钨（W）等。

③ 通过控制反应环境，改变产物特性，不同反应气氛，可得到金属、合金、陶瓷纳米颗粒。

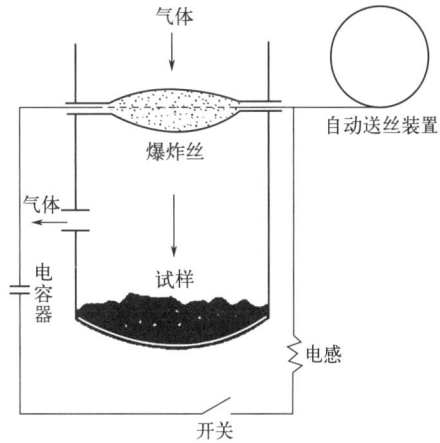

图 3-13　爆炸丝法制备纳米粒子装置

④ 可对颗粒表面进行碳包覆等处理。

⑤ 利用脉冲电流加热，能量利用效率高，维护成本低，无副产物，环境友好。

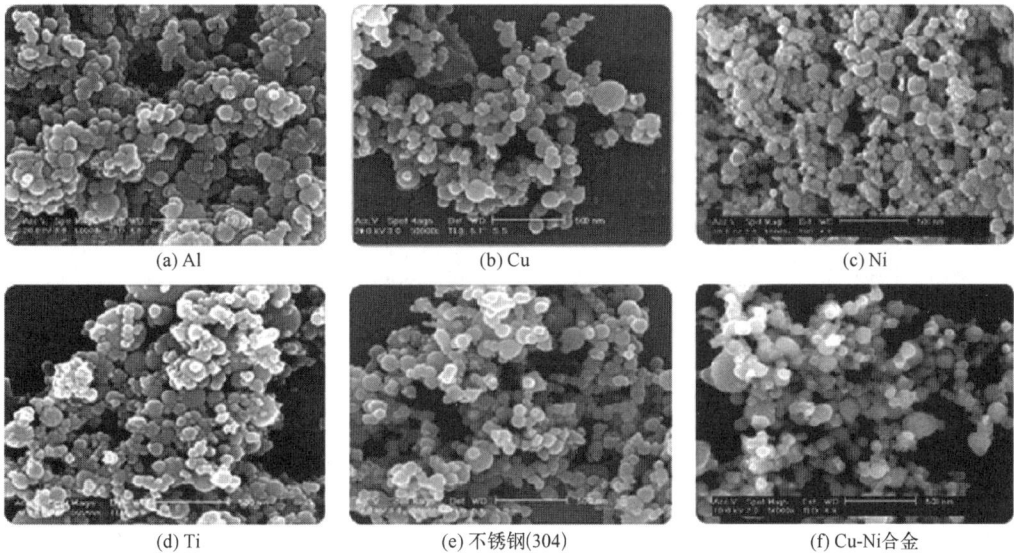

图 3-14　采用爆炸丝法制备的金属和合金纳米粒子

(a) Al　(b) Cu　(c) Ni　(d) Ti　(e) 不锈钢(304)　(f) Cu-Ni合金

在爆炸丝法的基础上，研究者们用不同的溶剂（如蒸馏水、酒精、润滑油、各种有机溶剂、矿物溶剂等）对纳米粒子进行收集，内置超声波功能、改善分散功能和抗氧化的燃气供应装置功能，可直接制备出分散性良好的金属纳米粒子分散液，避免纳米颗粒聚集，得到球形纳米胶体，平均粒度 30nm，适用于所有金属、合金，如 Al、Ti、Zr、W、Fe、Co、Ni、Cu、Ag、Zn、Sn、Pt、Au 等。而且，过程环保，完全没有副产物，不需要去除异物的后处理工程，可应用于导电墨水、高导电胶、导电聚合物填料、添加剂、催化剂、生化技术等。图 3-15 为采用这种改进的爆炸丝法所制备的不同浓度的 Au、Ni 纳米粒子胶体。

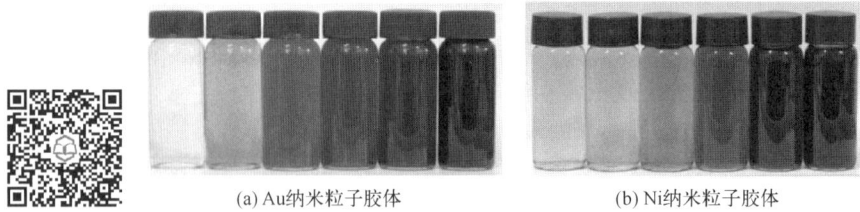

(a) Au纳米粒子胶体　　　　　(b) Ni纳米粒子胶体

图 3-15　采用改进的爆炸丝法所制备的不同浓度的 Au 和 Ni 纳米粒子胶体

（7）流动油面真空沉积法

在采用气体冷凝法制备纳米粒子时，微粒之间很容易团聚，此时可以采用流动油面真空沉积法，图 3-16 所示为流动油面真空沉积法（VEROS）的实验装置示意图，其原理是在高真空的环境下，采用电子枪喷射出的电子束对水冷铜坩埚中的蒸发材料进行加热，蒸发物质沉积在旋转盘上形成纳米粒子，含有纳米粒子的油被甩进真空室沿壁的容器中，然后将纳米粒子含量很低的油在真空下进行蒸馏，得到产物中含有大量纳米粒子的糊状油。该方法主要有以下优点：可制备出 Ag、

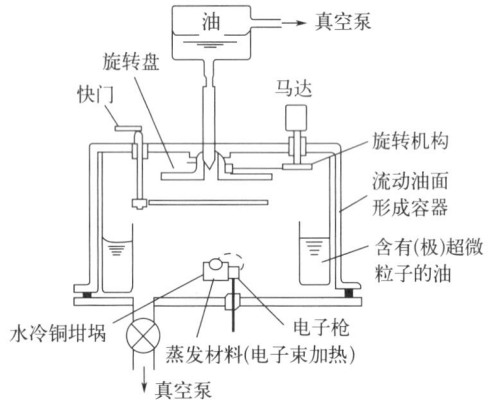

图 3-16　流动油面真空沉积法装置

Cu、Fe、Ni、Al、In 等纳米粒子，其平均粒径约为 3nm，粒径均匀，分布窄，纳米粒子可均匀分布在油中，粒径的尺寸可控，即可通过改变蒸发条件（如蒸发速度、油的黏度、圆盘转速等）来控制粒径的大小，圆盘转速低、蒸发速度快、油的黏度高则粒子的粒径会增大，最大可达 8nm。

3.1.1.2　粉碎法

粉碎法是借助外力使得原料破碎细化的方法，属于通过top-down制备纳米材料的技术，目前已开发了许多粉碎技术，主要包括球磨、等离子体球磨、气流粉碎、溅射和冷冻干燥等。其中气流粉碎是通过高速载气携带原料粉末进行摩擦碰撞，得到细化的微米级粒子，成本较高，不适合于纳米粒子的制备。

（1）球磨法

球磨法又称高能球磨，是最主要的粉碎方法，它是利用介质和物料之间的相互研磨和冲击使物料粉碎，形成微细粉末粒子的方法。最早用于制备氧化物弥散强化合金，目前，该技术已用于制备许多传统方法难以合成的新型亚稳材料，如纳米晶、非晶、准晶、金属间化合物和过饱和固溶体。其代表装置和基本工艺原理如图 3-17 所示。

如图 3-17 所示，球磨装置主要是由球磨机、球磨罐和研磨球组成。目前常用的球磨机包括行星式球磨机和等离子球磨机等。对于不同的设备，其球磨速率、运行规则以及其他的配件及操作均不同。其中，行星式球磨机是在一大盘上装有四只球磨罐，当大盘旋转（公转）时带动球磨罐绕着自己的转轴旋转（自转），从而形成行星运动。公转与自转的转动比为 1:2（公转一转，自转两转）。罐内磨球和磨料在公转与自转两个离心力的作用下相互碰撞、粉碎、研磨、混合。研磨体一般为钢球、卵石、钢锻、瓷球、钢棒和砾石等。采用球磨法进行固体粉碎可以得到的最小粒径理论值为 10~50nm。球磨机运行的主要过程如下：在球磨机高速运转时，研磨体受到离心力和摩擦力的作用，随着回转圆筒一同做圆周运动，当研磨体回转上升到一定高度后，在重力的作用下，与圆筒壁分离开来，做自由落体运动，获得很大的机械能来撞击位于圆筒底部的物料，如此不断循环此过程，把物料粉碎为纳米级微粒。物料在高能球磨的过程中，受到强烈的塑性变形，产生应力和应变，从而导致颗粒内部形成大量的晶格缺陷，发生晶格畸变，位错密度增加，将大晶粒切割成纳米晶。

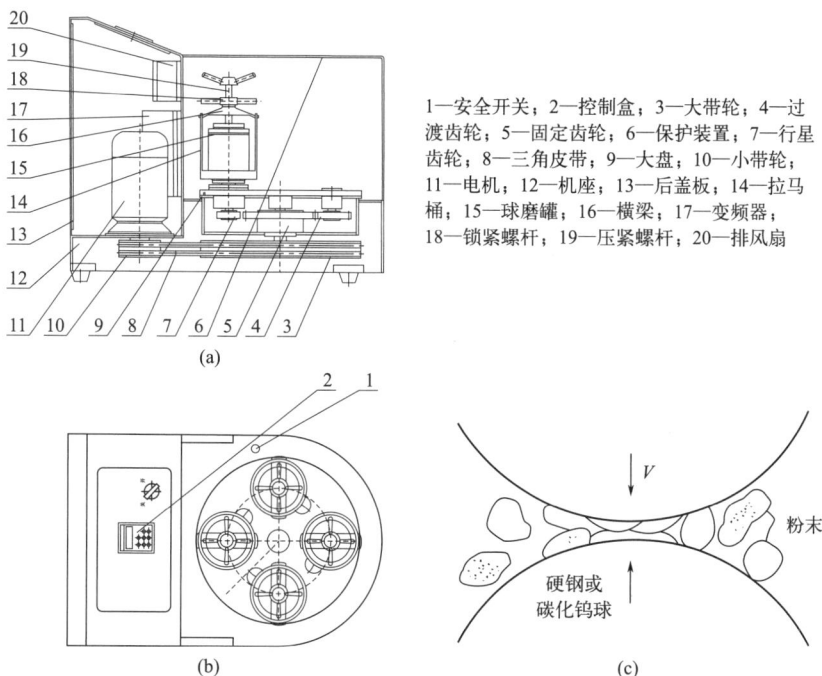

1—安全开关；2—控制盒；3—大带轮；4—过渡齿轮；5—固定齿轮；6—保护装置；7—行星齿轮；8—三角皮带；9—大盘；10—小带轮；11—电机；12—机座；13—后盖板；14—拉马桶；15—球磨罐；16—横梁；17—变频器；18—锁紧螺杆；19—压紧螺杆；20—排风扇

图 3-17 球磨机的简易装置（a）、（b）及高能球磨法工艺原理（c）

为了提高球磨机的粉碎效率，控制回转圆筒的回转速率十分关键。当回转圆筒以不同速率进行回转时，研磨体在筒内可分为三种状态。当回转速率较高时，研磨体所受的离心力很大，使得研磨体贴附在筒体上，与筒体一同做等速圆周运动，这种状态称为"周转状态"。此时，研磨体对物料既没有撞击、挤压的作用，也没有研磨的作用，粉碎作用几乎为零。当回转速率过低时，研磨体和物料因受摩擦力不足而无法到达筒内过高的位置，它们都绕着自身的轴线来回转动。研磨体和物料随筒体上升到自然休止角的高度，随即就会下滑，这种状态称为"倾泻状态"。此时，虽然研磨体会对物料进行研磨、挤压，但是冲击作用非常小，粉碎效率很低。当圆筒转速适中时，研磨体受到圆筒的摩擦力提升到一定的高度，且不会由于离心力过大而随筒做圆周运动，从而自由下落获得足够的冲击动能，猛烈地撞击到物料上，这个状态称为"抛落状态"或"瀑布状态"。研磨体将其自身的机械能传递给物料，从而达到制备超细纳米晶材料的目的，因此筒体以适中的速率转动时，粉碎速率是最高的。在实际运行过程中，研磨体既有受摩擦力随圆筒向上的运动，又有沿筒壁向下滑落的过程，还有绕着自身的轴线来回转动的过程等，可见在筒体内，研磨体的运动情况并不是单一的，而是十分复杂的多种运动的组合，对物料的粉碎作用也是多种运动综合作用的结果，但其中起主要作用的还是研磨体的冲击和研磨的作用。

球磨法产量大，工艺简单，对于固定的球磨机，通过装料、设定转速、时间和温度以及气氛等参数，就可实现球磨。纳米材料的自发团聚特性，使得高能球磨很难制备粒径很小且形貌均匀的纳米材料。另外，在长时间的球磨中，磨球和气氛（氧气和氮气等）会带来污染，影响纳米材料的纯度。通常可以通过缩短球磨时间，选用纯度高而硬度低的原料，从一定程度上降低污染。采用真空密封或在手套箱中操作可以降低气氛的污染。

目前，研究者们采用高能球磨法已成功制备了纯金属纳米晶、不相溶固溶体、纳米金属间化合物和纳米-陶瓷粉复合材料。

研究发现，具有 bcc（体心立方）结构（如 Cr、Wo、W、Fe 等）和 hcp（密排六方）结构（如 Zr、Hf、Ru 等）的金属，经高能球磨极易形成纳米晶，而具有 fcc（面心立方）结构的金属（如 Cu 等）经高能球磨不易形成纳米晶。

表 3-2 为通过高能球磨制备的一些纯金属纳米晶。可以看出，高能球磨得到的金属纳米晶具有小粒径、高晶界能。

表 3-2   高能球磨制备的纯金属纳米晶及其尺寸、热焓（ΔH）和比热容（Δc_p）

元素	结构	平均晶粒 d/nm	ΔH/(kJ/mol)	Δc_p/[J/(kg·K)]
Fe	bcc	8	2.0	5
Nb	bcc	9	2.0	5
W	bcc	9	4.7	6
Hf	hcp	13	2.2	3
Zr	hcp	13	3.5	6
Co	hcp	14	1.0	3
Ru	hcp	13	7.4	15
Cr	bcc	9	4.2	10

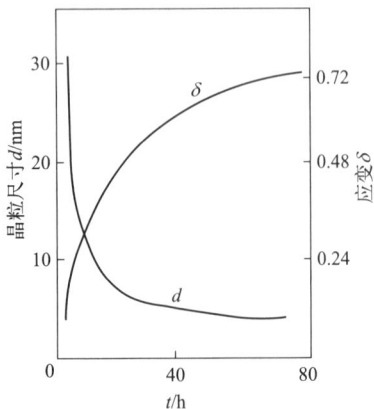

图 3-18   Fe 粉晶粒度和应变随球磨时间的变化

图 3-18 为纯 Fe 粉在不同球磨时间下的粒径变化。可以看出，Fe 纳米晶的粒径随球磨时间的增加而减小，而应变的变化则相反。说明 Fe 粉在球磨过程中，晶粒的细化是粉末的反复变形使得局域应变增加而引起缺陷密度增加，当局域切应变带中缺陷密度达到某临界值时，粗晶内部破碎，从而形成小粒径的纳米晶。

如果将两种或两种以上的金属粉末按一定的比例放入同一球磨罐中进行高能球磨，不同粉末颗粒经压延、压合、碾碎和再压合的反复循环，最后获得组织和成分分布均匀的合金粉末。这种利用机械能而不是热能或电能获得合金粉末的方法称为机械合金化

（mechanical alloying，MA）。这解决了用常规熔炼方法无法将相图上几乎不互溶金属合金化的难题，人们已用 MA 方法制备了多种新型纳米固溶体。如图 3-19 所示：

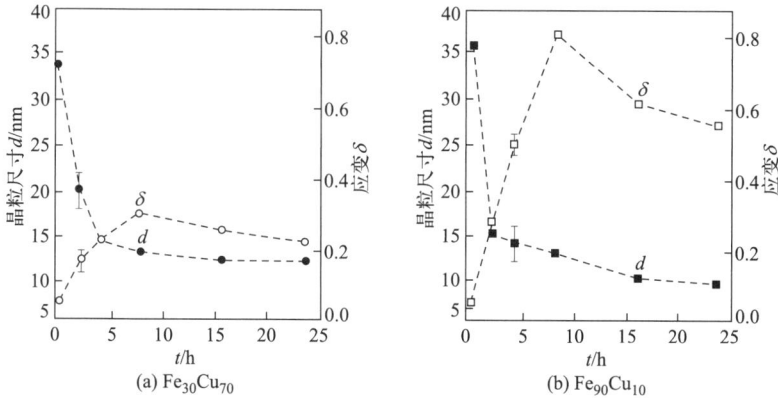

图 3-19　采用 MA 法制备的 Fe-Cu 合金纳米晶粒径和应变与球磨时间的关系

通过将粒径小于或等于 $100\mu m$ 的 Fe 和 Cu 粉放入球磨机中，在氩气保护下，Fe 和 Cu 粉质量比为 4∶1，经约 8h 球磨，得到粒径为十几个纳米的 Fe-Cu 合金纳米粉。同样，对于不互溶的 Ag-Cu、Al-Fe、Cu-Ta、Cu-W 二元体系，采用 MA 法都已成功地制备出了相应的二元合金纳米粉。

对于一些高熔点的金属间化合物，也可以通过高能球磨法制备。目前，研究者们已经采用此方法，在 Fe-B、Ti-Si、Ti-B、Ti-Al（-B）、Ni-Si、V-C、W-C、Si-C、Pd-Si、Ni-Mo、Nb-Al、Ni-Zr 等 10 余个合金体系中制备了不同粒径的纳米金属间化合物。

另外，高能球磨法还能将金属与陶瓷粉（纳米氧化物、碳化物等）制备成新型纳米复合材料，如将粒径为几十纳米的 Y_2O_3 粉复合到 Co-Ni-Zr 合金中，得到 Y_2O_3（1%～5%）-Co-Ni-Zr 金属-陶瓷新型纳米复合材料，相较于 Co-Ni-Zr 合金，新型纳米复合材料的矫顽力提升约两个数量级。再如通过高能球磨法制备纳米 Cu-MgO 或纳米 Cu-CaO 复合材料，其导电性与 Cu 基本相同，但强度大幅度提高。

近年来，等离子研磨机的应用也十分广泛，其主要原理是将冷场放电等离子体引入机械振动球磨中，利用近常压下气体在球磨罐中形成的高能量的非平衡等离子体和机械球磨的协同作用来制备纳米晶材料。在密封球磨罐体系内形成非热等离子体的作用下，物质分子容易转化成原子态和激发态进行重新结合，促进粉末的组织细化、合金化、活性激活、化合反应及加速原位气-固相反应等，能极大地提高球磨效率，显著降低球磨污染，并形成独特的结构而显著提高材料的性能。等离子球磨的效果和机制如下，等离子体的电子温度极高，可以对粉体的微区局域瞬时加热，离开等离子体时粉体温度急剧下降，诱发巨大的热效应，形成了"热爆-熔化-淬火"的粉末处理机理；等离子体的高活性粒子（离子、电子、激发态的原子和分子、自由基等）易与其他物质发生吸附作用并引起材料表面的活性提高，而机械球磨引入的新鲜表面、大量缺陷进一步增强被球磨粉体的活性，使得扩散、相变和化学反应极易进行；等离子体产生的高能电子通过撞击造成晶体的晶界滑移甚至位错，电塑性效应趋向于产生纳米尺寸的晶体材料。利用等离子体对石墨等层状结

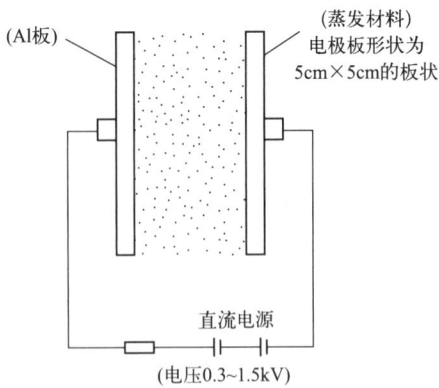

图 3-20　溅射法制备纳米粒子原理

（Al板）

（蒸发材料）电极板形状为 5cm×5cm 的板状

直流电源

（电压0.3~1.5kV）

构材料进行减薄、刻蚀、掺杂等处理，可增加材料的活性位点和导电性，制备出高性能储能纳米材料。

（2）溅射法

溅射方法是一种利用溅射原理及技术处理加工材料表面的现代技术方法。溅射，又可称为阴极溅射，其基本原理如图 3-20 所示。

将两块金属板（Al 阳极板和蒸发材料阴极板）平行放置在氩气中（40~250MPa），其中阴极为要溅射的材料，又称为靶材料，相对于真空室内其他部分是处于负电位的。施加 0.3~1.5kV 的电压，通过辉光放电的作用使气体分子电离为离子和电子。然后电子在电场的作用下加速飞向阳极，而带正电的气体离子冲击阴极靶材表面（加热靶材），使靶材原子从其表面蒸发出来，形成超微粒子，并沉积下来，采用溅射法制备的粒子大小及尺寸分布主要取决于两电极间的电压、电流和气体压力以及靶材表面积，其中，靶材表面积越大，原子蒸发速度越高，超微粒获得量越多。如果将蒸发靶材做成由几种元素组成的复合靶材，还可以制备出复合材料的纳米粒子。因此溅射法的优点主要包括：可以制备 $Al_{52}Ti_{48}$、$Cu_{91}Mn_9$ 及 ZrO_2 等多组元的纳米化合物和纳米金属（包括高熔点和低熔点金属）。而常规的热蒸发法，只能适用于制备低熔点金属，通过加大被溅射面积来提高纳米粒子的获得量，可以形成纳米颗粒薄膜等。

（3）冷冻干燥法

冷冻干燥法的基本原理是先使溶液喷雾在冷冻剂中冷冻，然后在低温低压下真空干燥，将溶剂升华除去，就可以得到相应物质的纳米粒子。该方法简单，用途比较广泛，特别是以大规模成套设备来生产微细粉末时，其相应成本较低，实用性强。若从水溶液出发制备纳米粒子，冻结后将冰升华除去，可直接获得纳米粒子。若从熔融盐出发，冻结后需要进行热分解，最后得到相应纳米粒子。

3.1.2　化学法

化学法是指通过适当的化学反应，从分子、原子、离子出发制备纳米物质，它包括化学沉淀法、溶胶-凝胶法、微乳液法、高温高压溶剂热法、燃烧合成法、模板合成法和电解法等。

化学沉淀法是利用液相介质中发生的沉淀反应，使新固相从溶液中析出以获得纳米材料或纳米材料的前驱体沉淀物，进而将此沉淀物干燥或煅烧，得到相应的纳米材料。通常需要配制金属盐溶液，加入合适的沉淀剂（OH^-、$C_2O_4^{2-}$、CO_3^{2-}）或控制反应的温度使不溶性的氢氧化物、水合氧化物或盐类析出，经分离洗涤后再热分解或脱水干燥，得到所需纳米粒子。生成粒子粒径的大小主要取决于沉淀物的溶解度，溶解度越小，粒子的粒径就越小。按溶液体系中沉淀反应的引发机制，化学沉淀法可分为共沉淀法、均匀共沉淀法、金属醇盐水解法等。化学沉淀法具有简单易行的优点，不需要高温条件就可以生成接近化学计量比的产物，广泛应用于制备金属氧化物、氢氧化物、含氧酸盐、硫化物等。与固相法相比，化学沉淀法也有一些缺点：首先，沉淀剂容易作为杂质混入沉淀物，部分沉淀剂会和阳离子生成可溶性络合物；其次，沉淀为胶状物时水洗、过滤困难，水洗时沉淀物也会部分溶解。

（1）共沉淀法

共沉淀法是指在加入沉淀剂后，能将多种金属阳离子从溶液中同时沉淀的方法。该方法可以避免引入对材料性能不利的有害物质，生成的粉末化学均匀性和结晶性高。

按沉淀物类型，共沉淀法可以分为单相共沉淀法和混合物共沉淀法。

① 单相共沉淀　单相共沉淀也称为化合物沉淀法，得到沉淀物为单一化合物或单相固溶体。按化合物金属离子计量比配制的溶液，加入沉淀剂后可以得到组分均匀的化合物，从而得到组成均匀的纳米粒子。但是，在制备的后续过程中通常要经过热处理，会影响其组成的均匀性。另外，单相沉淀适用范围窄，仅对有限的草酸盐适用，如二价金属草酸盐间产生固溶体沉淀等。

以 $BaTiO_3$ 纳米粒子的合成为例（图3-21）：在 Ba、Ti 的硝酸盐溶液中加入草酸（$C_2H_2O_4$）沉淀剂后，形成单相化合物 $BaTiO(C_2H_4)_2 \cdot 4H_2O$ 沉淀。也可在 $BaCl_2$ 和 $TiCl_4$ 的混合水溶液中加入草酸，得到单一化合物 $BaTiO(C_2H_4)_2 \cdot 4H_2O$ 沉淀。经高温（450～750℃）加热分解，首先热解生成具有无定形和高反应活性的 $BaCO_3$ 和 TiO_2 超细颗粒，当温度加热到750℃时，可得到单一相的 $BaTiO_3$。反应方程式如下：

图 3-21　利用草酸盐进行化合物沉淀的合成装置

$$BaTiO(C_2H_4)_2 \cdot 4H_2O \longrightarrow BaTiO(C_2H_4)_2 + 4H_2O$$

$$BaTiO(C_2H_4)_2 + 6O_2 \longrightarrow BaCO_3（无定形）+ TiO_2（无定形）+ 2CO + CO_2 + 4H_2O$$

$$BaCO_3（无定形）+ TiO_2（无定形）\longrightarrow BaCO_3（晶体）+ TiO_2（晶体）\longrightarrow BaTiO_3 + CO_2$$

② 混合物共沉淀　沉淀产物为混合物，称为混合物共沉淀。溶液中不同种类的阳离子不能同时沉淀，沉淀的先后顺序与溶液的 pH 值密切相关，这种方法制的纳米粒子粒径分布宽，易团聚，分散性也较差。以氧化锆和氧化钇混合物 [$ZrO_2(Y_2O_3)$] 纳米粒子的合成为例：首先将 $ZrOCl_2 \cdot 8H_2O$ 和 YCl_3 配成缓冲溶液，加入 $NH_3 \cdot H_2O$ 作为沉淀剂，$Zr(OH)_4$ 和 $Y(OH)_3$ 纳米粒子缓慢生成，经过洗涤、脱水、煅烧可制得 $ZrO_2(Y_2O_3)$ 纳米粒子。

$$ZrOCl_2 + 2NH_3 \cdot H_2O + H_2O \longrightarrow Zr(OH)_4\downarrow + 2NH_4Cl$$

$$YCl_3 + 3NH_3 \cdot H_2O \longrightarrow Y(OH)_3\downarrow + 3NH_4Cl$$

为了获得均匀的沉淀，可将含有多种阳离子的盐溶液缓慢加入过量的沉淀剂中进行搅拌，使沉淀离子浓度超过沉淀平衡浓度，使各组分按比例同时沉淀出来，从而获得较均匀的沉淀物。

（2）均匀共沉淀法

沉淀过程通常是不平衡的，纳米粒子不能均匀析出，粒径分布宽，分散性较差。但如

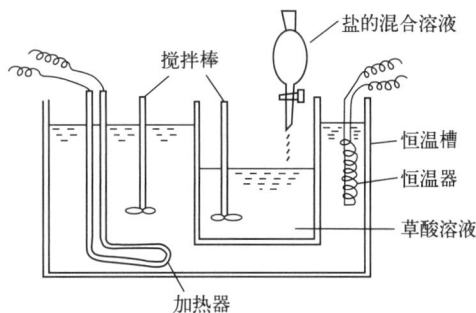

果控制溶液中的沉淀剂浓度，使之缓慢增加，溶液中的沉淀会处于平衡状态，且沉淀能在整个溶液中均匀地出现，这种方法称为均匀共沉淀法。均匀沉淀法首先使待沉淀的金属离子溶液与沉淀剂母体混合均匀，然后调节温度与时间，逐步提高 pH，或在体系中逐渐生成沉淀剂，创造形成沉淀的条件，使得沉淀缓慢进行，从而克服由外部向溶液中加沉淀剂而造成的局部不均匀。

以均匀共沉淀法合成氧化锌为例，分别使用氢氧化铵和尿素作为沉淀剂，如图 3-22 所示，以乙酸锌作为锌源，混合尿素溶液后在 90℃下反应 2h，洗净的沉淀在低温下灼烧 10h 以获得氧化锌粉末。

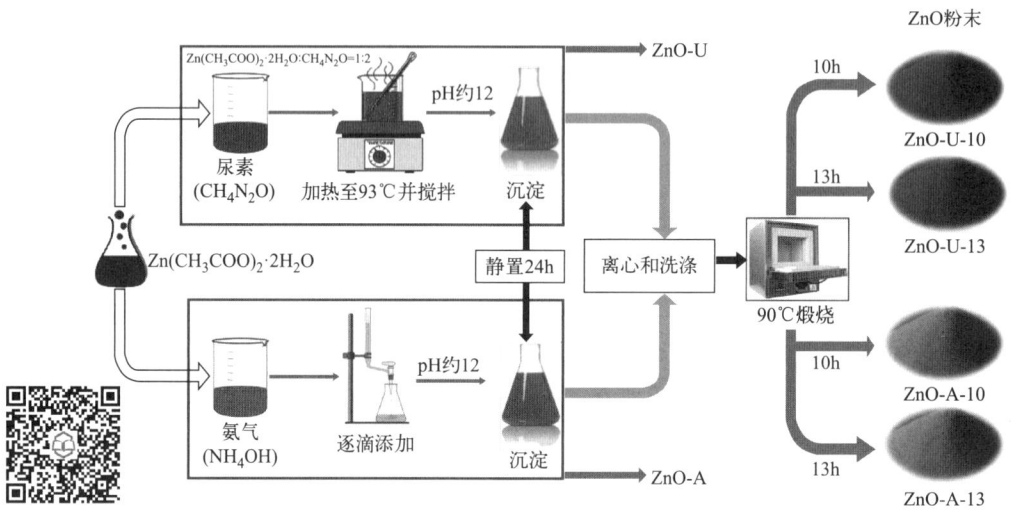

图 3-22　均匀共沉淀法制备纳米氧化锌

3.2　金属醇盐水解法

金属有机醇盐能溶于有机溶剂，并能发生水解反应，生成氢氧化物、水合氧化物的沉淀，获得纳米粒子。金属醇盐水解法具有应用范围广、产物纯度高、组成均一、粒度细而分布范围窄的优点。除硅和磷的醇盐外，几乎所有的金属醇盐与水反应都很快。采用有机试剂作金属醇盐的试剂，可得到高纯的和化学计量的复合金属氧化物粉末。金属醇盐可用通式 $M(OR)_n$ 表示，它是醇中的氢被金属 M 置换而形成的一种化合物，例如硅酸乙酯 $[Si(OC_2H_5)_4]$、钛酸乙酯 $[Ti(OC_2H_5)_4]$。与金属有机化合物不同，金属醇盐的金属原子直接与氧原子结合。这些物质通常具有易溶于有机溶剂和易水解的特性，由于在有机溶剂中醇盐的水解可以在低浓度下进行，它容易产生溶胶，也被用于溶胶-凝胶的生产方法中。但是金属醇盐的价格比较昂贵，限制了其应用。

3.2.1　金属醇盐的合成途径

金属醇盐的合成主要有以下途径：

① 金属与醇反应：碱金属、碱土金属、镧系等元素可与醇直接反应生成金属醇盐和氢。

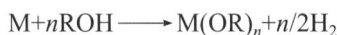

$$M + nROH \longrightarrow M(OR)_n + n/2H_2$$

其中 R 为有机基团，如烷基—C_3H_7、—C_4H_9 等，M 为金属。

高电负性金属：Li、Na、K、Ca、Sr、Ba 在惰性气氛下直接溶于醇制得醇化物。

低电负性金属：Be、Mg、Al、Y 等金属必须在催化剂（如 I_2、$HgCl_2$、HgI_2）的存在下反应。

② 金属卤化物与醇反应：金属不能与醇直接反应的，可以用卤化物代替金属。如 B、Si、P 等的卤化物与醇作用可以完全醇解。

$$MCl_3 + 3C_2H_5OH \longrightarrow M(OC_2H_5)_3 + 3HCl$$

氯离子与羟基完全置换生成醇化物。

多数金属氯化物与醇的反应，仅部分 Cl^- 与羟基发生置换，必须加入 NH_3、吡啶、三烷基胺、醇钠等碱性基，除去生成的卤化氢，使反应进行到底。

例如，$TiCl_4 + 2C_2H_5OH \longrightarrow TiCl_2(OC_2H_5)_2 + 2HCl$，加入 NH_3 后的反应

$$TiCl_4 + 4C_2H_5OH + 4NH_3 \longrightarrow Ti(OC_2H_5)_4 + 4NH_4Cl$$

③ 金属氢氧化物、氧化物、二烷基酰胺盐与醇反应，醇交换等。

3.2.2　金属醇盐水解制备纳米粉末

（1）一种醇盐的水解产物

各种金属醇盐水解沉淀产物如表 3-3 所示。水解条件不同，沉淀产物类型亦不同。以 Pb 的醇化物为例，室温水解产物为 $Pb \cdot 1/3H_2O$，而在回流下水解产物为 Pb。

表 3-3　金属醇化物水解生成的沉淀物及分类

元素	沉淀	元素	沉淀	元素	沉淀
Li	LiOH(s)	Fe	FeOOH(a)	Sn	Sn(OH)$_4$(a)
Na	NaOH(s)		Fe(OH)$_2$(c)	Pb	PbO · 1/3H$_2$O(c)
K	KOH(s)		Fe(OH)$_3$(a)		PbO(c)
Be	Be(OH)$_2$(c)		Fe$_3$O$_4$(c)	As	As$_2$O$_3$(c)
Mg	Mg(OH)$_2$(c)	Co	Co(OH)$_2$(a)	Sb	Sb$_2$O$_5$(c)
Ca	Ca(OH)$_2$(c)	Cu	CuO(c)	Bi	Bi$_2$O$_3$(a)
Sr	Sr(OH)$_2$(a)	Zn	ZnO(c)	Te	TeO$_2$(c)
Ba	Ba(OH)$_2$(a)	Cd	Cd(OH)$_2$(c)	Y	YOOH(a)
Ti	TiO$_2$(a)	Al	AlOOH(c)		Y(OH)$_3$(a)
Zr	ZrO$_2$(a)		Al(OH)$_3$(c)	La	La(OH)$_3$(c)
Nb	Nb(OH)$_5$(a)	Ga	GaOOH(c)	Nd	Nd(OH)$_3$(c)
Ta	Ta(OH)$_5$(a)		Ga(OH)$_3$(a)	Sm	Sm(OH)$_3$(c)
Mn	MnOOH(c)	In	In(OH)$_3$(c)	Eu	Eu(OH)$_3$(c)
	Mn(OH)$_2$(a)	Si	Si(OH)$_4$(a)	Gd	Gd(OH)$_3$(c)
	Mn$_3$O$_4$(c)	Ge	GeO$_2$(c)		

注：（a）为无定形；（c）为结晶形；（s）为水溶解。

（2）复合金属氧化物粉末

金属醇盐水解法可以制备各种复合金属氧化物粉末，如表 3-4 所示。

表 3-4　金属醇化物水解生成的复合金属氧化物粉末状态

■结晶性粉末

$BaTiO_3$、$SrTiO_3$、B_2ZrO_3、$Ba(Ti_{1-x}Zr_x)O_3$、$Sr(Ti_{1-x}Zr_x)O_3$、$(Ba_{1-x}Sr_x)TiO_3$、$MnFe_2O_4$、$CoFe_2O_4$、$NiFe_2O_4$、$ZnFe_2O_4$、$(Mn_{1-x}Zn_x)Fe_2O_4$、Zn_2GeO_4、$PbWO_4$、$SrAs_2O_4$

■结晶性氧化物粉末

$BaSnO_3$、$SrSnO_3$、$PbSnO_3$、$CaSnO_3$、$MgSnO_3$、$SrGeO_3$、$PbGeO_3$、$SrTeO_3$

■无定形粉末

$Pb(Ti_{1-x}Zr_x)O_3$、$Pb_{1-x}La_x(Zr_yTi_{1-y})_{1-x/4}O_2$、$Sr(Zn_{1/2}Nb_{2/3})O_3$、$Ba(Zn_{1/2}Nb_{2/3})O_3$、$Sr(Zn_{1/3}Ta_{2/3})O_2$、$Ba(Zn_{1/2}Ta_{2/3})O_2$、$Sr(Fe_{1/2}Sb_{1/2})O_2$、$Ba(Fe_{1/2}Sb_{1/2})O_3$、$Sr(Co_{1/3}Sb_{2/3})O_3$、$Ba(Co_{1/3}Sb_{2/3})O_3$、$Sr(Ni_{1/3}Sb_{2/3})O_3$、$NiFe_2O_4$、$CuFe_2O_4$、$MgFe_2O_4(Ni_{1-x}Zn_x)Fe_2O_4$、$(Co_{1-x}Zn_x)Fe_2O_4$、$BaFe_{12}O_{19}$、$SrFe_{12}O_{19}$、$PbFe_{12}O_{19}$、$R_3Fe_3O_{12}$（R=Sm, Gd, Y, Eu, Tb）、$Tb_3Al_3O_{12}$、$R_3Gd_3O_{12}$（R=Sm, Gd, Y, Er）、$RFeO_3$（R=Sm, Y, La, Nd, Gd, Tb）、$LaAlO_3$、$NdAlO_3$、$R_4Al_2O_9$（R=Sm, Eu, Gd, Tb）、$Co_3As_2O_8$、$(Ba_xSr_{1-x})Nb_2O_6$

两种以上金属醇盐制备复合金属氧化物超细粉末的途径如下。

（1）复合醇盐水解法

金属醇化物 $M(OR)_n$ 具有 M—O—C 键，其中 O 原子的电负性强，M—O 键机型强，对于电负性弱的元素，其醇化物为离子性，对外表现为碱性。电负性强的元素，其醇化物为共价性，对外表现为酸性。碱性醇盐和酸性醇盐发生中和反应生成复合醇盐：$MOR+M'(OR)_n \longrightarrow M[M'(OR)_{n+1}]$。复合醇盐水解生成原子水平的无定形沉淀，经煅烧后得到复合金属氧化物超细粉末。

（2）金属醇盐混合溶液水解法

两种以上金属醇盐之间没有化学结合，只是分子水平上的混合，其水解具有分离倾向，但是大多数金属醇盐水解速度很快，仍然可以保持生成物粒子的组成均匀性。图 3-23 为采用金属醇盐混合溶液水解法制备 $BaTiO_3$ 纳米粒子的过程示意图。

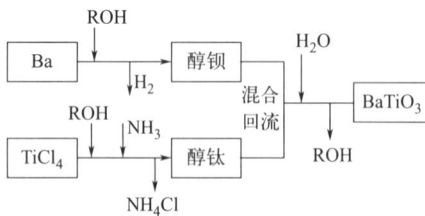

图 3-23　金属醇盐混合溶液水解法制备 $BaTiO_3$ 纳米粒子的过程

如图 3-23 所示，由 Ba 与醇直接反应得到 Ba 的醇盐，放出氢气；醇与加有氨的四氯化钛反应得到钛的醇盐，滤掉氯化铵，将上述获得的两种醇盐混合溶入苯中，使 Ba∶Ti 之比为 1∶1（摩尔比），再回流约 2h，然后在此溶液中慢慢加入少量蒸馏水并进行搅拌，得到白色沉淀物：晶态钛酸钡粒子。采用此方法还能获得：$SrTO_3$、$BaZrO_3$、$CoFe_2O_4$、$NiFe_2O_4$、$MnFe_2O_4$ 以及固溶体$(Ba,Sr)TiO_3$、$Sr(Ti,Zr)O_3$、$(Mn,Zn)Fe_2O_4$ 等。

3.2.2.1　溶胶-凝胶法

溶胶-凝胶法（sol-gel 法）又称胶体化学法，起源于 19 世纪中期，Ebelman 发现正硅酸乙酯水解形成的 SiO_2 呈玻璃状，Graham 发现凝胶中的水可以被有机溶剂置换，化学家们通过对此现象的长期研究，建立了胶体化学学科。20 世纪 50 年代，研究者们采用溶胶-凝胶法合成了大量的新型陶瓷氧化物粉体，目前，该方法已被广泛用来制备陶瓷、玻璃等无机材料。其基本原理是将金属醇盐或无机盐经水解直接形成溶胶或经解凝形成溶胶，然后使溶质聚合凝胶化，再将凝胶干燥、焙烧去除有机成分，最后得到无机材料。溶胶-凝胶法具有工艺简单、设备价格低廉、节约能源、反应过程易于控制等优点，更重要的是这种工艺合成的材料具有更高的纯度、均匀性以及较低的加工温度。溶胶-凝胶法的主要缺点是原料的成本较高、较长的反应时间、热处理不当导致残留碳、有机溶剂对人体有一定的危害性。

溶胶-凝胶法制备纳米材料包括以下过程。

① 溶胶制备：先将部分或全部组分用适当沉淀剂先沉淀出来，经解凝，使原来团聚的沉淀颗粒分散成原始颗粒。

② 控制盐溶液沉淀过程，直接形成细小的颗粒。

③ 溶胶-凝胶转化：a. 化学法，通过控制溶胶中的电解质浓度；b. 物理法，迫使胶粒间相互靠近，克服斥力，实现胶凝化。

④ 凝胶干燥：加热使溶剂蒸发，得到粉料。

以上过程根据原料的不同分为两类：有机途径，以金属醇盐为原料；无机途径，以无机盐为途径。下面为四个典型的纳米粒子制备例子。

① 醇盐水解溶胶-凝胶法制备 TiO_2 纳米粒子：室温下将 40mL 钛酸四丁酯 $[Ti(OC_4H_9)_4]$ 逐滴加入去离子水中，水加入量为 480mL，边滴边搅拌并控制滴加和搅拌速度。$Ti(OC_4H_9)_4$ 经水解、缩聚形成溶胶。超声振荡 20min，红外灯烘干，得到疏松的 $Ti(OH)_4$ 凝胶，将此凝胶磨细，再在 873K 烧结 1h 得到 TiO_2 纳米粉。

② 无机盐水解溶胶-凝胶法制备 SnO_2 纳米粒子：将 $20gSnCl_2$ 溶解在 250mL 酒精中，搅拌半小时。经 1h 回流，2h 老化，在室温放置 5 天。然后在 333K 的水浴锅中干燥两天，再在 100℃烘干得到 SnO_2 纳米粒子。

③ 无机和醇盐水解溶胶-凝胶法制备 ZnO 纳米粒子：选用 $Zn(NO_3)_2$、$ZnSO_4$、$ZnCl_2$、$Zn(CH_3COOH)_2$ 等进行水解溶胶-凝胶，通过调整调节 pH 值、溶液浓度、反应温度、时间可以得到纳米氧化锌。溶胶-凝胶法制备出的纳米氧化锌粒度均匀、纯度高、反应易于控制，但是反应中使用的金属醇盐成本较高。

④ 醇盐水解溶胶-凝胶制备 SiO_2 纳米粒子：将硅酸酯与无水乙醇按一定摩尔比混合，搅拌成均匀的混合溶液，在搅拌状态下缓慢加入适量去离子水，调节溶液的 pH 值，再加入合适的表面活性剂，反应一定时间后，经过一定后处理（陈化、干燥等）得到 SiO_2 纳米粒子。

碱性条件下，SiO_2 粒子的形成可分为水解和缩合两个步骤：

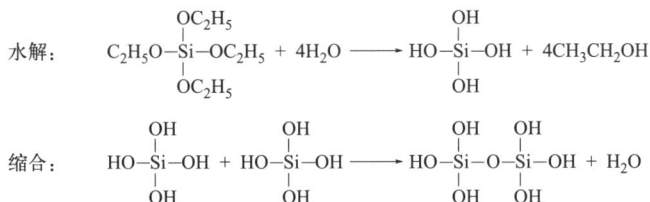

$$\text{水解：} \quad C_2H_5O-\underset{\underset{OC_2H_5}{|}}{\overset{\overset{OC_2H_5}{|}}{Si}}-OC_2H_5 + 4H_2O \longrightarrow HO-\underset{\underset{OH}{|}}{\overset{\overset{OH}{|}}{Si}}-OH + 4CH_3CH_2OH$$

$$\text{缩合：} \quad HO-\underset{\underset{OH}{|}}{\overset{\overset{OH}{|}}{Si}}-OH + HO-\underset{\underset{OH}{|}}{\overset{\overset{OH}{|}}{Si}}-OH \longrightarrow HO-\underset{\underset{OH}{|}}{\overset{\overset{OH}{|}}{Si}}-O-\underset{\underset{OH}{|}}{\overset{\overset{OH}{|}}{Si}}-OH + H_2O$$

溶胶-凝胶法制备纳米材料的特点如下。

① 化学均匀性好：溶胶由溶液制得，胶粒内及胶粒间化学成分完全一致。

② 纯度高：粉料（特别是多组分粉料）制备过程中无需机械混合。

③ 颗粒细。

④ 可容纳不溶性组分或不沉淀组分。不溶性颗粒均匀地分散在不产生沉淀的组分的溶液中，经胶凝化，不溶性组分可自然地固定在凝胶体系中。

⑤ 烘干后的球形凝胶颗粒自身烧结温度低，但凝胶颗粒之间烧结性差。

⑥ 干燥时收缩大。

3.2.2.2 微乳液法

（1）微乳液

微乳液是两种不互溶液体形成的热力学稳定的、各向同性的、外观透明或半透明的分散体系，微观上由表面活性剂界面膜所稳定的一种或两种液体的微滴所构成。被分散的液体称为分散相或内相，另一种液体称为连续相或外相。微乳液的液滴尺寸在 $1\sim100nm$ 之间。其水核是一个"微型反应器"。纳米颗粒的制备在水核中进行，其粒径受水核大小的控制。

微乳液体系一般由有机溶剂、水、表面活性剂和助表面活性剂组成。根据微乳液是否与多余的油或水共存，微乳液可分为多相微乳液和单相微乳液。对于单相微乳液体系只有微乳液，多相微乳液是微乳液和水或油两相共存或三相共存。如图 3-24 所示，根据油或水分散相情况，单相微乳液可以分为 O/W 型、W/O 型和双连续型。W/O 型微乳液的结构是由油连续相、水核及表面活性剂与助表面活性剂组成的界面膜三相构成，也称为反相微乳液。O/W 型与之相反，也称为正相微乳液。双连续相结构具有 O/W 型和 W/O 型综合特性，类似于水管在油相中形成的网络。

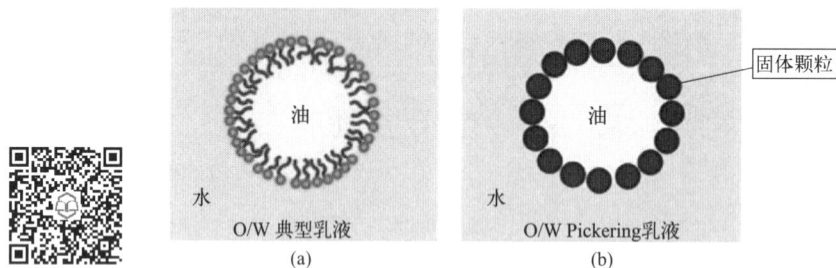

图 3-24 O/W 型微乳液结构

（2）微乳液法的应用

微乳液法是利用两种互不相溶的溶剂在表面活性剂作用下形成一个均匀的乳液，从乳液中析出固相，从而使成核、生长、聚结、团聚等过程局限在一个微小的球形液滴内，形成球形颗粒，该法避免了颗粒之间的进一步团聚。在微乳液体系中，用来制备纳米粒子的一般都是 W/O 型微乳液。在水核内形成超细颗粒的机理有三种情况：

① 通过反胶束微乳滴之间的物质交换。两种反应物分别增溶至两个反胶束微乳液中。胶束颗粒自身进行布朗运动，促使胶束颗粒之间碰撞和结合，在融合的胶束内发生反应，产生晶核，晶核生长并长大为纳米颗粒。

② 通过反胶束微乳滴和溶液之间进行物质交换。将一种反应物配成微乳液，反应物之一增溶在水核内，另一种反应物直接以溶液形式加入微乳液体系。反应物通过微乳液界面

膜的渗透进入水核内并发生反应生成纳米颗粒。

③ 通过反胶束微滴与气体之间进行物质交换。将气体通入微乳液体系，气体进入水核并发生反应。

微乳液法制备纳米 ZnO 的过程如下。

以庚烷和己醇混合溶液作为油相，Triton X-100 作为表面活性剂。将表面活性剂加入油相形成微乳液 ME。配制包含两种不同反应物的微乳液，微乳液 ME-1 通过将 $Zn(NO_3)_2$ 溶液和一定量聚乙二醇（PEG400）加入上述微乳液 ME 形成，微乳液 ME-2 通过滴加 NaOH 溶液至微乳液 ME 形成。将 ME-1 滴加至 ME-2，再转移至反应釜内，140℃反应 15h。如图 3-25 所示，通过调节 PEG400 含量，合成了不同形貌的 ZnO 纳米晶。

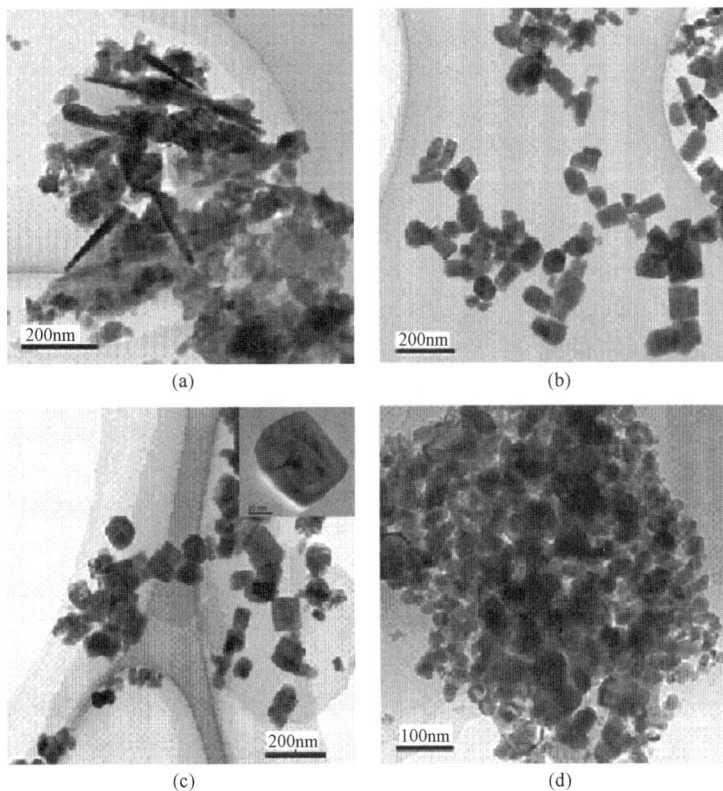

图 3-25　微乳液法合成的 ZnO 纳米晶

3.2.2.3　水热和溶剂热法

水热和溶剂热法是在特定的密闭反应器及一定的温度（100～1200℃）和溶剂（水或乙醇等）自生压强（1～100MPa）条件下，使得常规条件下难溶或不溶的物质能够重新溶解，并利用溶液中混合物质进行化学反应的合成方法。

（1）水热法

水热法是以水为溶剂，在一种密闭容器内完成化学反应的方法，适用于氧化物或少数对水不敏感的硫化物的制备，而难以合成其他对水敏感（与水反应、水解、分解或不稳定）的化合物，如Ⅲ～Ⅴ族半导体、碳化物、氟化物、新型磷（砷）酸盐分子筛三维骨架结构材料。温度范围在水的沸点和临界点（374℃）之间，通常为 130～250℃，相应的水蒸气压为 0.3～4MPa。

水热法通常可以分为以下几种。

① 水热氧化

反应式可表示为：$m\mathrm{M}+n\mathrm{H_2O} \longrightarrow \mathrm{M}_m\mathrm{O}_n+n\mathrm{H_2}$，其中 M 为铬、铁及合金等。

② 水热沉淀

例如：$2\mathrm{KF}+\mathrm{MnCl_2} \longrightarrow 2\mathrm{KCl}+\mathrm{MnF_2}$

③ 水热合成

例如：$\mathrm{FeTiO_3}+2\mathrm{KOH} \longrightarrow \mathrm{K_2O \cdot TiO_2}+\mathrm{Fe(OH)_2}$

④ 水热还原

例如：$\mathrm{M}_x\mathrm{O}_y+y\mathrm{H_2} \longrightarrow x\mathrm{M}+y\mathrm{H_2O}$，其中 M 为铜、铁等。

⑤ 水热分解

例如：$\mathrm{ZrSiO_4}+2\mathrm{NaOH} \longrightarrow \mathrm{ZrO_2}+\mathrm{Na_2SiO_3}+\mathrm{H_2O}$

⑥ 水热结晶

例如：$2\mathrm{Al(OH)_3} \longrightarrow \mathrm{Al_2O_3 \cdot H_2O}+2\mathrm{H_2O}$

水热法的优点在于不需高温烧结即可直接得到结晶粉末，可制备包括金属、氧化物和复合氧化物在内的 60 多种粉末，一般结晶好、团聚少、纯度高、粒度分布窄，多数情况下形貌可控，环境污染少，成本较低、易于商业化。

例如：将 $\mathrm{SnCl_4}$ 酸性溶液置于高压反应釜中，在 423K 加热 12h，可获得 5nm 的四方 $\mathrm{SnO_2}$ 纳米粉末。将 Zr 粉在 100MPa，523～973K 下水热氧化可得到粒径为 25nm 的单斜 ZrO 纳米粉体。

（2）溶剂热法

溶剂热法即将水热法中的水换成有机溶剂或非水溶媒（甲酸、苯、己二胺、四氯化碳以及乙醇等），采用类似于水热法的原理，制备对水溶液敏感的材料。苯由于其稳定的共轭结构，被广泛用作溶剂热法的有机溶剂。例如，在真空中将 $\mathrm{Li_3N}$ 和 $\mathrm{GaCl_3}$ 在 $\mathrm{C_6H_6}$ 溶剂中于 553K 下进行热反应：$\mathrm{GaCl_3}+\mathrm{Li_3N} \longrightarrow \mathrm{GaN}+3\mathrm{LiCl}$。其中氯化锂盐是副产物，可以用乙醇洗涤后去除。总产率高达 80%，所得氮化镓的平均直径为 32nm。然而，其尺寸远远大于玻尔激子半径（11nm），因此没有观察到量子效应。这种新型的苯溶剂法可以在比传统方法低得多的温度下进行。例如，如果利用金属 Ga 和 $\mathrm{NH_3}$ 之间发生气相反应合成 GaN，则需要约 900℃ 的高温。

（3）水热与溶剂热合成法的技术特点

① 在水热与溶剂热反应条件下反应物活性较强，有可能代替固相反应以及难以进行的合成反应，并产生一系列新的合成方法。

② 在水热及溶解热条件下中间态、介稳态以及特殊物相易于生成，能合成与开发一系列特种介稳结构和凝聚态的新合成产物。

③ 可使低熔点化合物以及不能在熔体中生成的物质和高温分解相在水热或溶剂热低温条件下晶化生成。

④ 水热与溶剂热的低温、等压、液相环境，有利于生长缺陷少、取向好的完美晶体，

且合成产物结晶度高，易于控制产物晶体的粒度。

⑤ 易于调节水热及溶剂热条件下的环境气氛，有利于低价态、中间价态与特殊价态化合物的生成，并能均匀地进行掺杂。

然而，水热与溶剂热合成法也存在一定的不足：

① 晶体生长和材料合成的过程在密闭空间中完成，无法原位观察。

② 要求耐高温高压的容器，耐腐蚀的内衬，技术难度大，温度和压力控制严格，成本高。

③ 加热时密闭反应釜内流体体积膨胀，产生高压，存在较大的安全隐患。

（4）反应装置及工艺

大多数水热/溶剂热反应在密封的反应容器中进行，称为反应釜或压力容器（图 3-26）。通常反应容器包含金属热压罐与聚四氟乙烯或合金内衬，用以保护热压罐体免受强腐蚀性反应溶剂的腐蚀。一个理想的水热/溶剂热反应装置应该易于组装与拆卸，能够防止泄漏并且在实验温度和压力范围内拥有足够的使用寿命。对温度、压力和腐蚀性的抗性是选择反应容器的最重要的参数。

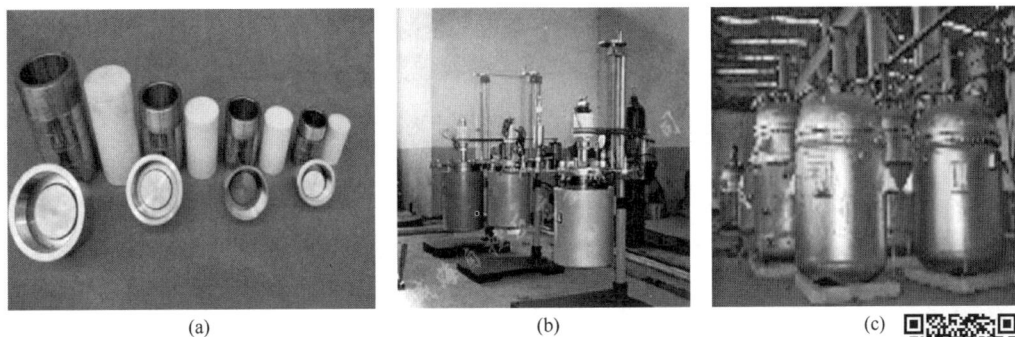

(a)　　　　　(b)　　　　　(c)

图 3-26 水热与溶剂热合成法所用反应釜

水热与溶剂热合成法的一般工艺是：选择反应物和反应介质→确定物料配方→优化配料顺序→装釜、封釜→确定反应温度、压力、时间等实验条件→冷却开釜→固、液分离→物相分析。

在水热/溶剂热合成过程中，生成物需要经历形核和生长两个步骤。通过控制反应温度、溶液 pH、反应物浓度及添加剂、前驱体、反应时间以及填充因子（反应物质占据的体积与反应装置容积的比值）等变量，可以制备出符合尺寸和形貌要求的产品。

另外，无机纳米粒子由于其独特的量子限域效应，在电子、储能、催化等各个领域都有潜在的应用前景。然而，较高的比表面积导致的严重团聚现象以及表面羟基官能团的存在导致其在有机溶剂中分散性较差，阻碍了其实际应用。这些问题可以通过对纳米粒子表面进行修饰来解决。在各种可用于纳米粒子表面改性的方法中，水热和溶剂热合成方法是提高无机纳米粒子与有机溶剂之间的分散性和相容性的最有前途的技术之一。例如，通过水热可以对 AlOOH 进行原位表面改性，将—NH_2 和—CHO 嫁接到其表面，将其转变为亲水性表面，从而能够在溶剂中良好分散。而在辛酸和正丁胺的存在下，ZnO/ TiO_2 复合纳米粒子的团聚减少，分散性增强。

3.2.2.4 燃烧合成法

燃烧合成法（combustion synthsis，CS），又叫作自蔓延高温合成法（self-propagating high-temperature synthesis，SHS），是利用原材料自身的燃烧释放出热量，自发地进行化学反应，最终得到固定成分和结构的一种材料合成方法，如图 3-27 所示。广泛用于粉末、陶瓷、金属间化合物、复合材料和功能材料的合成。

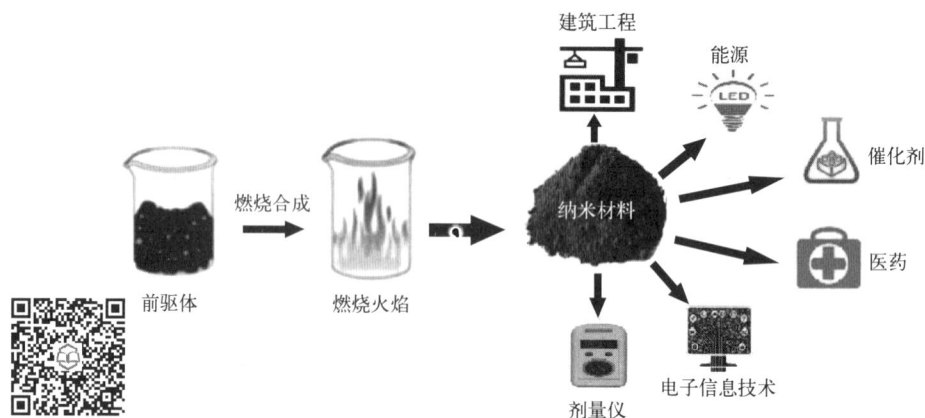

图 3-27 燃烧合成法及产物的应用

燃烧合成的过程特点是高温、升温速度快和反应时间短，故和其他制备方法相比，它的优点是：①所用设备简单，制备过程简便；②能形成较高纯度的产品；③可以形成各种尺寸和形状的产品。

燃烧法有固相燃烧法、液相燃烧法、气相燃烧法、自蔓延高温合成法和体积燃烧合成等不同的分类，近些年的研究主要集中于固相燃烧法和液相燃烧法。

（1）固相燃烧法（SSC）

起始反应物、中间体和最后得到的合成物都是固态。固相反应物的燃烧合成法有两种模式：自蔓延的高温合成（SHS）和体积燃烧合成（VCS）。这两种情况下，通常将固体反应物研磨成圆柱状颗粒，并使粉末均匀混合并压实。然后通过外部源（例如钨线圈、激光或微波）点燃颗粒，引发放热反应。对于 SHS 来说，反应大量放热，并且产生的热量必须大于散发的热量，否则反应将猝灭，不会自蔓延。SHS 模式的特征是在局部引发后，热燃烧波（2000～4000K）穿过反应物的非均相混合物，产生所需的冷凝产物。在 VCS 中，颗粒以受控方式均匀加热，直到反应在整个体积中同时发生。

（2）液相燃烧法（SCS）

SCS 是基于在反应物（氧化剂和燃料）的均相水溶液中的氧化还原反应，当在炉中快速加热时，形成通常为结晶的纳米结构粉末。在 300～600℃的预热温度范围内，水会迅速蒸发，剩余的反应物溶液干燥并加热后在几分钟内点燃，反应物将发生快速放热反应，从而形成泡沫状纳米结构粉末。V. Gowthambabu 等人利用生物燃料酸橙汁提取物，通过溶液燃烧法制备了高纯度氧化锌纳米颗粒（图 3-28）。

将所制备的 ZnO 纳米粒子在紫外线和阳光照射下对 MB、MO、RhB 和 PRA 染料降解，结果表明其对 PRA 染料具有高光催化活性以及突出的可重复使用性，可以很大限度地解决工业废物带来的污染问题。

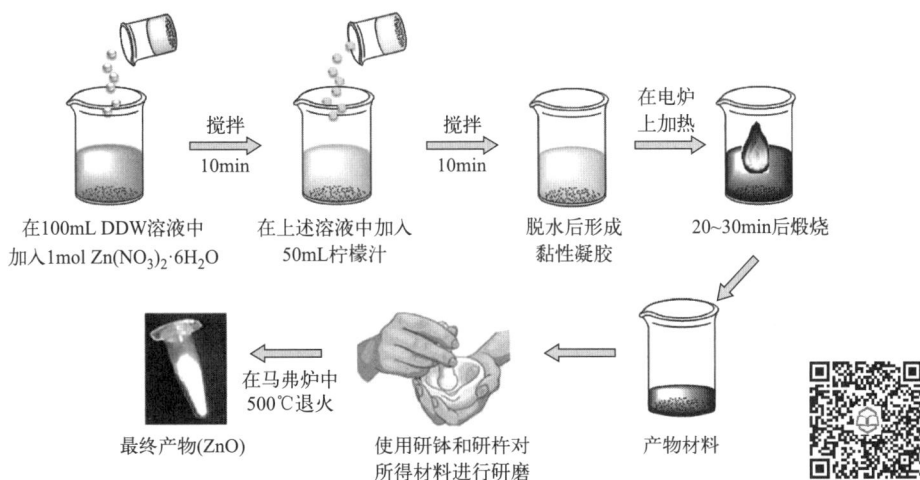

图 3-28　液相燃烧法制备纳米氧化锌

3.2.2.5　模板合成法

利用基质材料结构中的空隙制备纳米材料。与直接合成纳米材料的方法相比，模板法有以下优点：①以模板为载体能够精确控制纳米材料的尺寸和形状、结构与性质；②实现纳米材料合成与组装一体化，同时可以解决纳米材料的分散稳定性问题；③合成过程操作简单、应用条件不苛刻、较易实施，适合批量生产。

通过模板法合成纳米材料通常分为三步：首先是模板的制备，其次是利用水热法、沉淀法、溶胶-凝胶法等常用合成方法在模板作用下合成目标产物，最后是模板的去除。模板常用的去除方法包括物理和化学方法，如溶解、烧结和蚀刻等。

模板法制备纳米材料的关键是模板剂的选择，根据其结构的不同，模板剂又可分为硬模板与软模板。二者的共性是都能提供一个有限大小的反应空间，区别在于前者提供的是处于动态平衡的空腔，物质可以透过腔壁扩散进出；而后者提供的是静态的孔道，物质只能从开口处进入孔道内部。

（1）软模板

软模板没有固定的刚性结构。在纳米粒子的合成中，通过分子间或分子内的相互作用力（氢键、化学键和静电）形成具有一定结构特征的聚集体。以这些聚集体为模板，通过电化学、沉淀等合成方法，将无机物种沉积在这些模板的表面或内部，形成具有一定形状和大小的颗粒。常见的软模板有表面活性剂、高聚物和生物聚合物等。软模板主要基于表面活性剂、高聚物和生物聚合物之间形成的有机-无机相胶束，这些胶束作为结构导向剂，引导目标产物的形成。由分子间或分子内弱相互作用引起的聚集，形成了一定的空间结构。这些团聚体具有显著的结构界面，它提供了一个独特的界面来创造特定的无机物种分布趋势，最终生成具有特定结构的纳米材料。软模板是在反应内形成的，更容易建立和去除，不需要复杂的设备和严格的生产条件，反应具有良好的可控性，软模板主要用于制备各种尺寸、尖锐结构的纳米材料。

（2）硬模板

硬模板是一种刚性材料，其稳定的结构直接决定了样品颗粒的大小和形貌，常见的硬模板有介孔二氧化硅、聚合物微球、多孔膜、泡沫塑料、离子交换树脂、碳纤维、多孔阳极氧化铝（AAO）等，由于其特殊的结构和对粒径的限制，在许多领域发挥着重要的作用。与软模板相比，硬模板具有较高的稳定性和良好的窄间限域作用，能严格地控制纳米材料的大小和形貌。但硬模板结构比较单一，因此用硬模板制备的纳米材料的形貌通常变化也较少。

3.3　典型纳米材料的制备

3.3.1　石墨烯

石墨烯（graphene）是由 sp^2 杂化碳原子紧密堆积形成的六边形蜂窝状二维网格结构材料，单层石墨烯厚度只有一个原子直径（约 0.335nm）。图 3-29 为石墨主要的碳同素异形体碳原子成键和结构示意图。

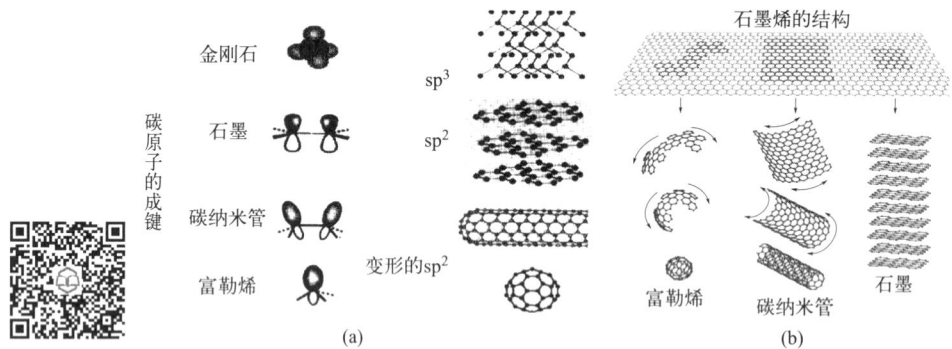

图 3-29　碳同素异形体碳原子成键（a）及其结构（b）

从图 3-29 看出，石墨是许多石墨烯通过范德华力堆叠在一起而组成的，石墨烯、碳纳米管和富勒烯都源自石墨层状结构的解理和碳原子成键的变形。其中石墨烯于 2004 年由英国曼彻斯特大学的 Andre Geim 等通过透明胶带对石墨进行反复粘贴与撕开使得石墨片的厚度逐渐减小（与铅笔写字有异曲同工之妙），凭借极大的耐心与一点点运气终于如大海捞针，通过显微镜在大量的薄片中寻找到了理论厚度只有 0.34nm（约为头发直径的二十万分之一）的石墨烯。这一发现在科学界引起了巨大的轰动，不仅是因为它打破了二维晶体无法真实存在的理论预言，更为重要的是独特的二维结构使其展现出众多的优异性能，带来了众多出乎人们意料的新奇特性，如良好的导热性［室温热导率可达 5300W/(m·K)］、优异的力学性能（理论杨氏模量达 1.0TPa，固有拉伸强度为 130GPa）、大比表面积（2630cm²/g）、良好的导电性［理论载流子迁移率大于 200000cm²/(V·s)］等，在微电子器件、光电检测、结构和功能复合材料及储能催化等领域得到广泛的研究和应用，成为继富勒烯和碳纳米管后又一个里程碑式的新材料。

通常石墨烯按照厚度和碳原子堆垛方式分为以下四类。

① 单层石墨烯（single-layer graphene）是由一层以苯环结构（即六角形蜂巢结构）周期性紧密堆积的碳原子构成的二维碳材料。

② 双层石墨烯（bilayeror double-layer graphene）是由两层以苯环结构周期性紧密堆积的碳原子以不同堆垛方式（包括 AB 堆垛、AA 堆垛等）堆垛构成的二维碳材料。

③ 少层石墨烯（few-layer graphene）是由 3～10 层以苯环结构周期性紧密堆积的碳原子以不同堆垛方式（包括 ABC 堆垛、ABA 堆垛等）堆垛构成的二维碳材料。

④ 多层或厚层石墨烯（multi-layer graphene）是厚度在 10 层以上 10nm 以下苯环结构周期性紧密堆积的碳原子以不同堆垛方式（包括 ABC 堆垛、ABA 堆垛等）堆垛构成的二维碳材料。

目前石墨烯的制备方法主要包括机械剥离法、氧化还原法和化学气相沉积法等。

（1）机械剥离法（micromechnical cleavage，或 scotch cleavage method）

通过透明胶带对石墨进行反复粘贴与撕开，使得石墨片的厚度逐渐减小。Andre Geim 等采用此方法最先制备了石墨烯，展示出完美的石墨烯二维单晶结构和优异性能。但此方法得到的石墨烯薄片尺寸不易控制，无法可靠地制造尺度满足应用要求的石墨烯，产率低。目前只能作为实验室小规模制备。

为了满足应用的要求，研究者们开发了液相剪切剥离（liquid-phase exfoliation，LPE）方法，通过将石墨粉置于有机溶剂中超声处理，实现石墨层的剥离，获得石墨烯。超声过程中，通常加入聚合物和表面活性剂以防止剥离石墨层的团聚。LPE 主要包括两种不同的石墨剥离方法：超声和剪切剥离。与其他方法相比，LPE 是一种简单的方法，具有大规模生产石墨烯的潜力。

目前 LPE 制备石墨烯按剥离体系，可分为有机溶剂体系、水-表面活性剂体系及离子液体体系；按制备设备，可分为超声、高速剪切及超重力等。然而，该方法高能耗，制备的石墨烯溶液浓度低。此外，有机溶剂已被证明有助于超声处理辅助 LPE 制备石墨烯，需要足够高的浓度才能有效。但 N-甲基吡咯烷酮（NMP）和 N,N-二甲基甲酰胺（DMF）被认为不仅有毒而且价格昂贵，不适合大规模工业生产。

剪切剥离是一种古老的技术，已广泛用于胶体科学，主要用于分散过程中团聚物的分解，能耗相对较低。用此技术替代超声处理有望实现大规模生产石墨烯。然而，剪切剥离过程中涉及碳材料与氧化剂、硫酸根离子等的嵌入，引起材料的溶胀，然后剪切剥离成单独的层。插入的复杂性阻碍了其在大规模制备石墨烯中的应用。

（2）氧化还原法（改进的 Hummers 法）

氧化还原法是目前应用最广泛的制备石墨烯的方法之一，成本低廉、易于实现规模化、可制备稳定的石墨烯悬浮液，解决了石墨烯不易分散的问题，是目前实验室最佳的制备方法。不仅可制备出大量的石墨烯悬浮液，而且有利于制备石墨烯的衍生物，拓展了石墨烯的应用领域。其制备工艺和原理如图 3-30 所示。

其在氧化和还原过程中会产生高密度的缺陷，如五元环、七元环等拓扑缺陷或—OH基团的结构缺陷，导致其电性能等降低，很难应用于高精密电子器件中。然而，氧化石墨烯表面负载含氧基团，如羟基、羧基和环氧基团等，这些官能团可通过静电吸附与金属阳离子结合，在催化、传感等领域有重要应用价值。氧化还原法通常以石墨作为原料，在强氧化剂（$KMnO_4$ 和 H_2SO_4）作用下，石墨层间中插入的官能团能降低石墨层片间的范德华力。层间距变大后的石墨片层内的范德华力会被削弱，亲水性增强，通过离心、超声等方式分离石墨片，形成氧化石墨烯（GO）。然后在对苯二酚或 $NaBH_4$ 等还原剂作用下，GO平面结构上的含氧基团去除，大 π 键共轭体系得到恢复，即可制得高导电性的石墨烯。目前改进 Hummers 法是最常见的制备氧化石墨烯的方法。其反应分为三个阶段：低温阶段（冰浴 0℃）、中温阶段（35℃）和高温阶段（98℃）。最后用一定浓度的 H_2O_2 还原多余的氧化剂，并静置、过滤、离心和脱水，最终得到干燥的氧化石墨烯粉末。石墨的氧化除了 Hummers 法，还有 Brodie 法和 Staudenmaier 法等，氧化石墨的还原方法有化学试剂还原法、热还原法和电还原法等。

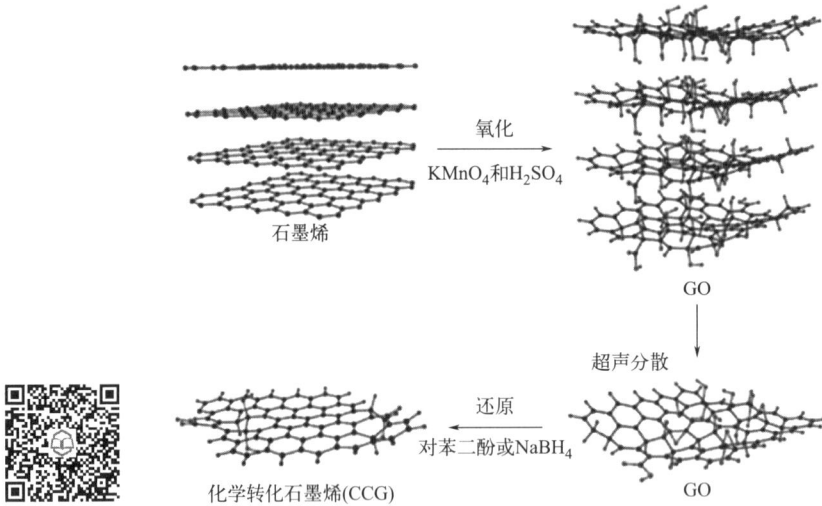

图 3-30　氧化还原法制备石墨烯的工艺及原理

此外，为了安全、高效、绿色制备氧化石墨烯，2018 年中国科学院金属研究所任文才研究员课题组提出了电解水氧化石墨的新方法，打破了一直以来利用强氧化剂对石墨进行化学氧化的传统方法。在电解水氧化法中，氧化石墨烯中氧进行同位素示踪，以及对自由基进行捕获的实验表明，石墨与电解液中的水电解后产生的大量高活性氧自由基进行反应，得到氧化石墨烯（图 3-31），因此证明了氧化石墨烯中的氧元素来源于水。电解水氧化法虽然可以有效解决制备氧化石墨烯的过程中所面临的爆炸危险、对环境污染以及制备周期较长等问题，但是作为氧化石墨烯制备的新方法，在工业化生产方面还存在稳定一致性和放大化等一系列可能存在的问题。因此目前不管是科研方面还是工业方面均采用改进后的 Hummers 法来制备氧化石墨烯。

（3）化学气相沉积法（CVD）

化学气相沉积法利用高温条件下碳氢化合物的热裂解，在金属基底表面沉积得到石墨

烯。通常使用的碳源包括甲烷、乙烯、乙炔等，使用的金属基底有 Ni、Cu 等。CVD 石墨
烯制备装置如图 3-32 所示。

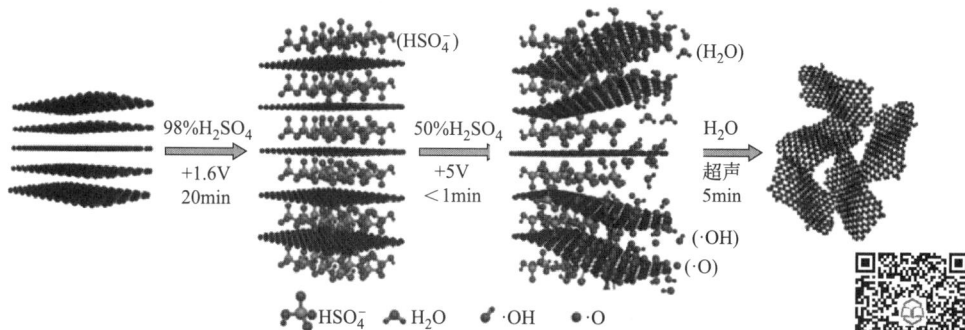

图 3-31　电解水氧化法制备氧化石墨烯

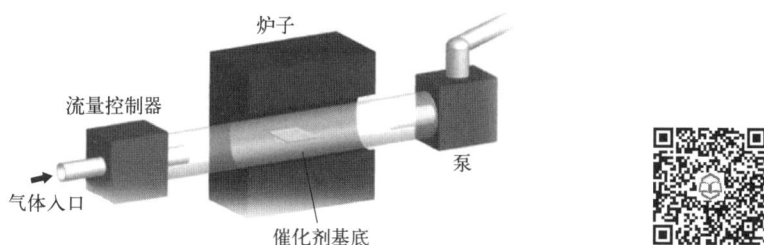

图 3-32　CVD 石墨烯制备装置

CVD 法可以通过改变碳源的浓度和气压、反应温度和时长等参数来控制石墨烯的层数
和均匀性。如图 3-33 所示。

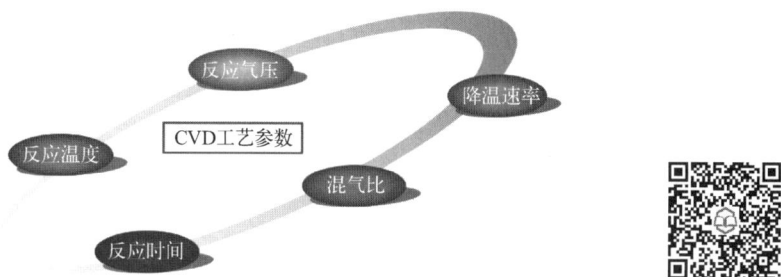

图 3-33　CVD 石墨烯制备的主要工艺参数

根据所用金属生长基板的不同，石墨烯的生长机制有所不同，如图 3-34 所示。

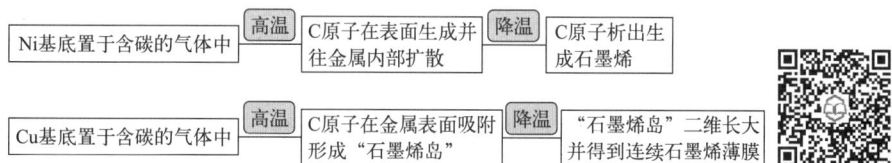

图 3-34　CVD 法制备石墨烯原理

如图 3-34 所示，通常认为，采用 Ni 基底生长石墨烯，由于 C 原子在 Ni 中的固溶度较高，加热到高温时（约 1100℃），从 C 源气体裂解出的 C 原子由 Ni 基底的表面扩散固溶到 Ni 基底内部，在随后的降温过程中，随着 C 原子在 Ni 中固溶度的降低，C 原子在 Ni 表面析出，与周围原子连接形成石墨烯。而采用 Cu 基底生长石墨烯时，由于 C 原子在 Cu 中的固溶度低，高温裂解出的 C 原子在 Cu 表面吸附，形成石墨烯岛，在随后的降温过程中，石墨烯岛长大并形成石墨烯膜。通过优化调控图 3-33 中的 CVD 石墨烯制备参数，可以得到缺陷少、层数可控和大尺寸生长的石墨烯膜。但要实现其在电子器件等中的应用，还需要将其从金属基底上转移到目标基底上。目前，普遍采用图 3-35 所示的湿法转移方法。

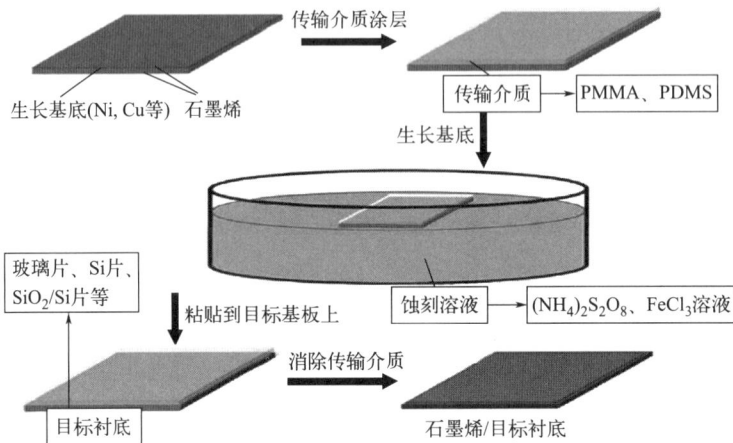

图 3-35　CVD 石墨烯膜的转移工艺

如图 3-35 所示，将生长于 Ni、Cu 等表面的石墨烯表面涂覆上一定厚度的 PMMA（聚甲基丙烯酸甲酯）或 PDMS（聚二甲基硅氧烷）聚合物膜，干燥凝固后，将其置于$(NH_4)_2S_2O_8$、$FeCl_3$ 溶液中去除 Ni 或 Cu 基底，然后将石墨烯/聚合物转移到目标基底上，最后通过加热或化学方法去除聚合物涂层，得到石墨烯/目标基底。该过程需使用化学腐蚀液，过程难以精确控制，尤其对于大尺寸的石墨烯，如何实现高效无损转移仍是一个挑战。

（4）外延生长法

外延生长法是指石墨烯外延生长在其他晶体层表面。如通过碳化硅（SiC）在真空环境中高温（>1100℃）热处理获得石墨烯。由于所获石墨烯的取向相对于基底表面有确定的取向关系，称为外延生长。一般选取过渡金属 Co、Pt、Ni、Ru 等作为外延生长层，在超真空下高温退火可使单晶中固溶的微量碳元素析出，碳原子重新排列形成石墨烯。另一种是在相匹配的具有催化活性的金属表面外延生长石墨烯。如碳化氢气体附着在金属表面，高温下经催化，C—H 键断裂，形成 C—C 键，制备出石墨烯。还可以在高温（>1300℃）、超高真空或大气压下蒸发 SiC 片（图 3-36），由于 Si 的升华速率大于 C 的升华速率，Si 原子先升华，衬底上剩余的 C 原子重新排列形成石墨烯。这种方法能实现在绝缘的 SiC 基体表面上大规模生产石墨烯，产物迁移率高达 $10000 cm^2/(V \cdot s)$。然而 SiC 的分解不可控，所得产物存在缺陷及多晶畴结构，很难获得大面积、层数可控的石墨烯。另外，很难找到合适的方法将石墨烯从 SiC 表面转移到其他基片（如 SiO$_2$/Si 或玻璃），因此外延生长法制备石墨烯的应用受到了限制。

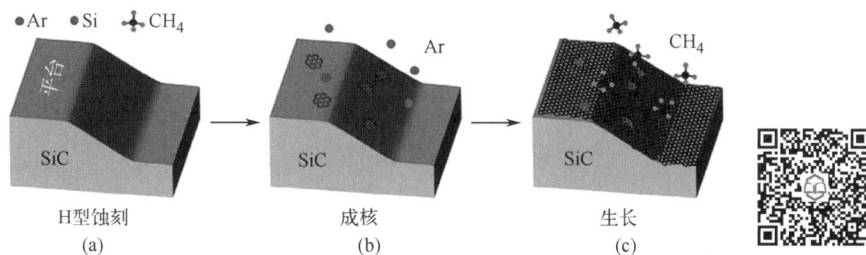

图 3-36　碳化硅衬底上生长石墨烯过程

3.3.2　碳纳米管

碳纳米管（CNTs）是在 1991 年 1 月由物理学家 Sumio Iijima （飯島 澄男）使用高分辨透射电子显微镜从电弧法生产的碳纤维中发现的。它是一种管状的碳分子，管上每个碳原子采取 sp^2 杂化，相互之间以碳碳 σ 键结合起来，形成由六边形组成的蜂窝状结构作为碳纳米管的骨架。根据壁厚的不同，分为单壁碳纳米管（single-wall carbon nano tube，SWCNT）和多壁碳纳米管（multi-wall carbon nanotube，MWCNT），如图 3-37 所示。

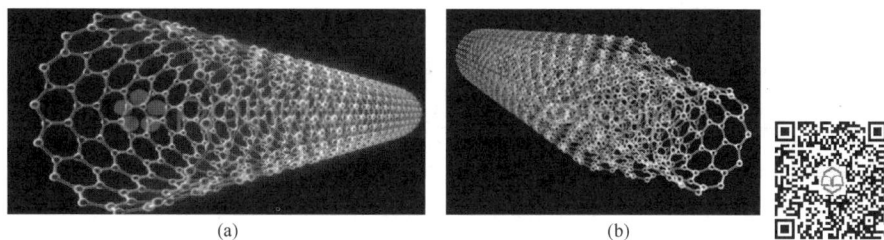

图 3-37　SWCNT 和 MWCNT

根据开口形状的不同，SWCNT 又可分为扶手椅型（armchair），锯齿型（zigzag）和螺旋型（spiral）三种，如图 3-38 所示。

CNTs 作为一维纳米材料，重量轻，其分子结构决定了它具有一些独特的性质，由于巨大的长径比（径向尺寸在纳米量级，轴向尺寸在微米量级），碳纳米管表现为典型的一维量子材料。

（1）力学性质

CNTs 中碳原子采取 sp^2 杂化，相比 sp^3 杂化，sp^2 杂化中 s 轨道成分比较大，使 CNTs 具有高模量、高强度。CNTs 的硬度与金刚石相当，但拥有良好的柔韧性。CNTs 的强度比同体积钢的强度高 100 倍，重量却只有后者的 1/7～1/6。碳纳米管因而被称为"超级纤维"。研究人员曾将 CNTs 置于 1011Pa 的水压下，由于巨大的压力，CNTs 被压扁。撤去压力后，CNTs 像弹簧一样立即恢复了形状，表现出良好的韧性。

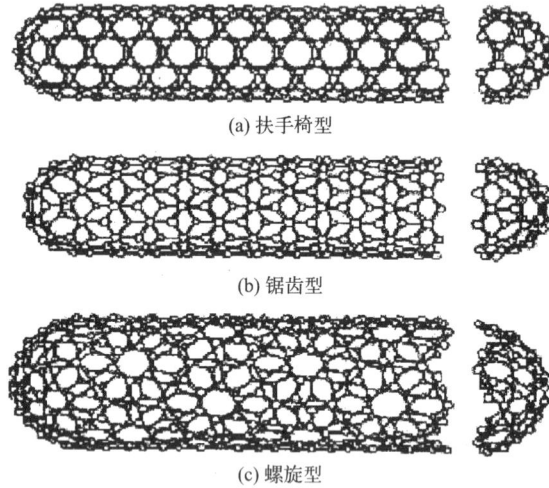

(a) 扶手椅型

(b) 锯齿型

(c) 螺旋型

图 3-38　SWCNT 的类型

（2）电学性质

CNTs 的结构与石墨的片层结构相同，所以具有很好的电学性能。理论预测其导电性能取决于其管径和管壁的螺旋角。当 CNTs 的管径大于 6mm 时，导电性能下降；当管径小于 6mm 时，CNTs 可以被看作是具有良好导电性能的一维量子导线。

（3）导热性质

CNTs 具有良好的传热性能，CNTs 具有非常大的长径比，因而其沿着长度方向的热交换性能很高，相对地，其垂直方向的热交换性能较低，通过合适的取向，CNTs 可以合成高各向异性的热传导材料。另外，CNTs 有着较高的热导率，只要在复合材料中掺杂微量的碳纳米管，该复合材料的热导率将可能得到很大的改善。此外，CNTs 的熔点是已知材料中最高的。

（4）抗辐射性质

2012 年 9 月美国海军研究实验室发现由 SWCNT 制作的晶体管具有在苛刻太空环境中生存的能力。由 CNTs 制作的晶体管具有极强的抗电离辐射能力，在有电离辐射的情况下其工作性能几乎不变。

目前常用的 CNTs 制备方法有石墨电弧法、化学气相沉积法、催化裂解法和激光蒸发法，工业化生产常用的方法是石墨电弧法和化学气相沉积法。

（1）电弧法

如图 3-39 所示，在真空室中充入一定量的惰性气体，用填充有铁或钴作为催化剂的较细的石墨棒作为阳极，较粗的石墨棒作为阴极。通过高频或接触引起电弧产生高温，蒸发石墨阳极，碳原子在催化剂的作用下进行结构重排沉积，在容器内壁上得

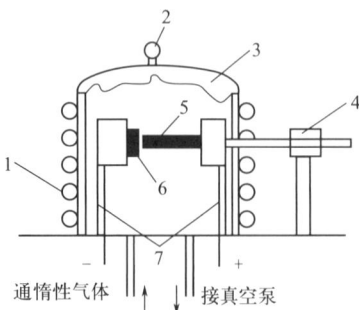

通惰性气体　　接真空泵

图 3-39　电弧法制备 SWCNT

1—水冷系统；2—真空压力表；3—真空室；

4—电极进给系统；5—石墨移动电极；

6—石墨固定电极；7—水冷通电柱

到富含 SWCNT 的炭灰，经提纯，可以得到 SWCNT。

1991 年 Iijima 教授用这种方法首次获得了 SWCNT。电弧法制备 SWCNT 的一般工艺如下：在石墨棒里钻一个轴向的孔洞，填满致密的金属和石墨混合物粉体作为阳极，通过复合阳极中石墨和金属的共蒸发来制备。

实例：阳极直径 6mm，内含直径 3.5mm 孔洞。填充物为金属混合物+石墨粉（Y/Ni=1：4.2，摩尔比），阴极直径 16mm。抽真空后关闭真空室的真空阀，通入氦气（$6.6×10^4Pa$）。接通电源，调整阴阳电极间距产生电弧放电（I=100A，V=30V），几分钟内完成。该工艺具有以下特点：产物的产率和 SWCNT 的纯度高，SWCNT 集结成束状，制备批量的 SWCNT 所需时间很短。金属催化剂的选择对 CNTs 制备有重要影响，SWCNT 的制备效率主要取决于催化剂的选择，与单金属催化剂相比，双金属催化剂具有更高的产率，在混合催化剂中金属的比例对 SWCNT 的产率也有很大影响。目前纯金属单质和混合物催化剂主要包括：铁、镍、钴、钇、镍/钇和钴/镍等。但只有镍/钇和钴/镍催化剂普遍用于 SWCNT 的制备。

（2）化学气相沉积法（chemical vapor deposition，CVD）

CVD 法是以含碳气体或液体等为碳源，在催化剂的催化作用下裂解得到碳纳米管，如图 3-40 所示，将 Fe、Co 或 Ni 等催化剂以薄层的形式放在高温炉中的一个载体上，碳源气体（C_2H_2）以及载气（N_2）以一定的流速和流量通入高温炉中，在催化剂作用下裂解并在催化剂表面上得到 CNTs 与催化剂的混合粉末，然后，经浓硝酸处理得到纯的 CNTs。这种方法工艺简便、成本低、制备的 CNTs 质量好，规模易控制、长度大、收率高，管径分布均匀，管壁洁净，特别适用于制备 CNTs 增强金属复合材料。

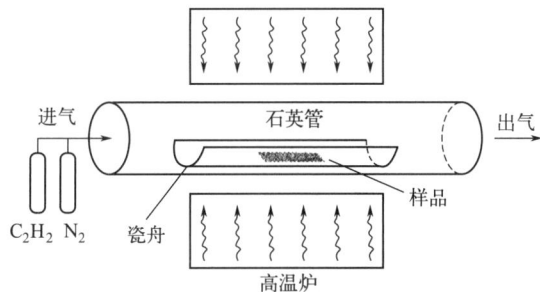

图 3-40　CVD 法制备 CNTs 装置

CVD 法制备 SWCNT 的装置如图 3-41 所示，其制备工艺过程如下。将分析纯的二茂铁 [Fe(C_5H_5)$_2$]（催化剂）置于炉 1 中，通过控制炉 1 的温度控制其引入炉 2 的量。载气氢气分为两路：①通过苯（碳源）与噻吩（C_4H_4S，助催化剂），②直接通入反应室（炉 2）。通过控制各路氢气的流量以及苯溶液的蒸气压可控制苯在整个反应组分中的分压。优化反应温度、硫添加量及氢气流量等，在反应室的后端、瓷舟及反应室壁上制备出 SWCNT。

该工艺的主要影响因素如下。①反应温度：控制在 1050～1200℃，小于 1050℃时，产物主要为大块非晶；1120～1140℃时，产物主要为粉状 CNTs 及少量束状 CNTs；1180℃时，产物主要为 CNTs 膜（SWCNT）。②硫添加量：无噻吩时，产物主要为块状非晶；噻吩摩尔分数小于 0.699 时，产物主要为粉状 CNTs 及少量束状 CNTs；噻吩摩尔分数大于 0.930 时，产物主要为块状非晶和粉状 CNTs；噻吩摩尔分数在 0.699～0.930 之间时，产物主要为 SWCNT。③氢气流量：两路氢气的总流量低于 250cm³/min 时，不能生长出 CNTs；氢气流量过高也不利于 CNTs 的生长；在合适的氢气流量和 C/H（体积比）较小情况下，产物 SWCNT 量较多。

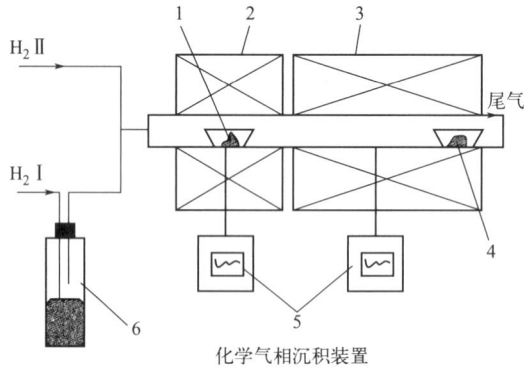

图 3-41　CVD 法制备 SWCNT 装置

1—二茂铁粉末；2—电阻炉 1；3—电阻炉 2；4—产物；5—控制器；6—苯+噻吩溶液

（3）激光蒸发法

如图 3-42 所示，在 1200℃的电阻炉中，采用激光束照射蒸发金属掺杂石墨棒，流动的氩气使产物沉积到水冷柱上得到 SWCNT。

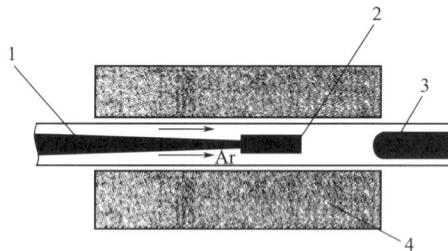

图 3-42　激光蒸发金属掺杂石墨棒法制备 SWCNT 装置

1—激光束；2—金属掺杂石墨棒；3—水冷铜柱；4—保温层

例如，采用石墨棒中掺杂金属粉末（Ni/Cu=1.2%，摩尔比），经激光蒸发，产物被氩气带着沉积到水冷铜柱上，然后将产物在 1000℃真空处理，去除 C_{60} 和其他富勒碳小分子，可得到 SWCNT。此工艺中，SWCNT 的产率和性能对光强、加热温度和载气成分、压力以及气流条件等控制参数较为敏感。

激光的主要作用是汽化含有催化剂的石墨棒，使碳原子和催化剂颗粒存在于气流中，气态碳在催化剂的作用下，生长成碳纳米管。激光蒸发法中主要的影响因素包括：含有催化剂的石墨棒结构和化学成分、激光特性、腔室压力和环境温度等。这种方法制备的 SWCNT 具有高的纯度和质量。但是，由于使用高度纯化的石墨棒和高的激光功率，成本较高，且合成的纳米管数量大大少于电弧放电技术制备的纳米管数量。

3.3.3　碳量子点

2004 年在制备单壁碳纳米管时人们偶尔发现了直径为 2～10nm 的碳量子点，不仅具有碳材料的低毒、生物相容和抗酸碱等特性，还具有发光范围可调、光稳定性好、价廉、易于功能化和产业化等特性。目前已被广泛应用于催化、生物成像和分析检测等领域，尤其在生物医学领域（生物成像、生物传感和药物传输等）应用前景广阔。主要制备方法有水热法、氧化法、超声法和微波辅助法等。以水热法为例，其制备工艺如下。

采用超声使蜂花粉在水中分散均匀，获得一定浓度的蜂花粉分散液，将其倒入反应釜中，在 160～220℃反应，结束后冷却至室温，过滤反应液中的黑色沉淀物，即得到碳量子点溶液。该工艺简单、绿色环保、原材料价格低廉，可实现商业化制备。

3.3.4　黑磷

黑磷是一种半导体，它的晶格是由双原子层组成的，每一个层是由曲折的磷原子链组成的，它的结构如图 3-43 所示。在这些链中磷—磷键距为 2.17Å，黑磷在空气中稳定较好，在半导体和生物医疗方面发挥着重要的作用。

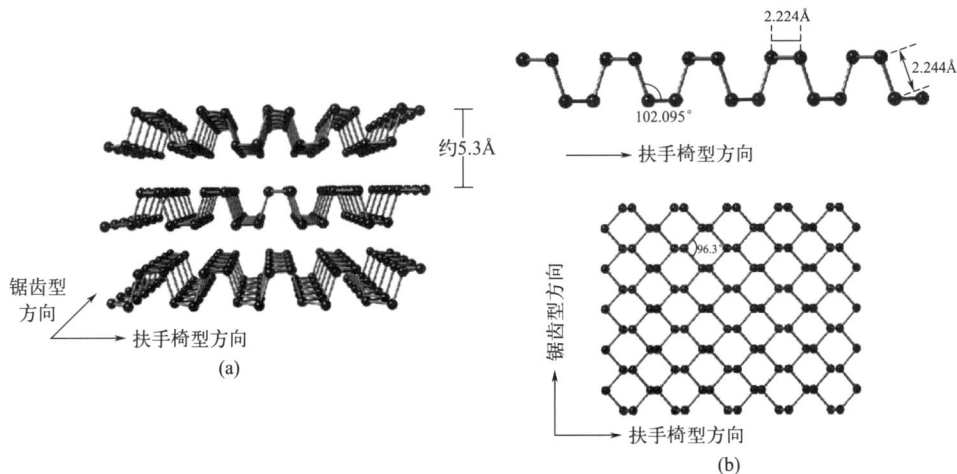

图 3-43　多层黑磷的原子结构（a）和单层磷烯（b）

制备黑磷的"自上而下"法包括：机械剥离法、电化学剥离法、液相剥离法等；"自下而上"法包括：气相沉积法、溶剂热法等。以电化学剥离法为例，黑磷的制备工艺如下。

以体材料黑磷（BP）片为阳极，铂为阴极，建立双电极系统。随着电压的持续施加，黑磷晶体慢慢分解，溶液慢慢变成橙色，在电化学电池底部发现细小颗粒。然后，将溶液过滤，将剥离的物质分散在（DMF）中并超声，从而获得黑磷。电化学剥离法可以克服机械剥离法和液相剥离法的缺陷，从而获得无缺陷的晶体结构（图 3-44）。

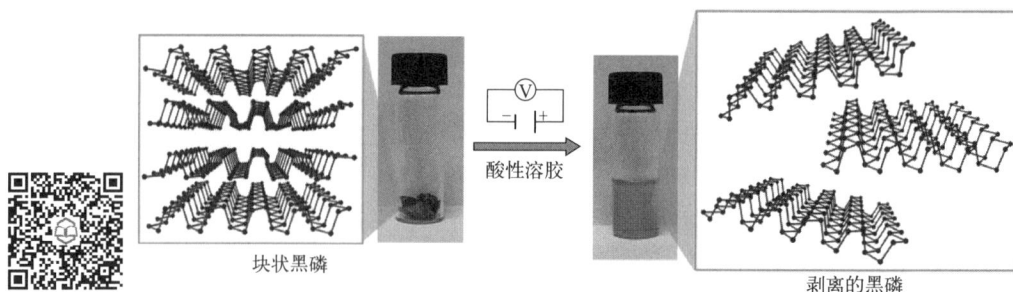

图 3-44　电化学剥离法制备黑磷

思考题

1. 请举例说明如何通过 bottom-up 和 top-down 的方法制备纳米材料。
2. 阐述纳米材料的物理法制备和化学法制备方法及其原理。
3. 设计一种物理法制备方法，制备出一种金属及其氧化物纳米材料并分析所用物理方法的优缺点。
4. 设计一种化学方法，将一种宏观或微观材料制备成纳米材料并分析所用化学方法的优缺点。
5. 纳米碳材料主要包括哪些？以石墨烯为例，阐述其定义、分类和主要性能。
6. 举例说明如何分别用一种物理和一种化学的方法制备石墨烯。
7. 如何用一种化学的方法制备碳纳米管？是否有制备碳纳米管的物理方法？

参考文献

[1] Wise K D. In Special issue on integrated sensors, microactuators, and microsystems [M]. New York: Institute of Electrical and Electronic Engineers, 1998.

[2] 白春礼. 来自微观世界的新概念: 单分子科学与技术[M]. 北京: 清华大学出版社, 2000.

[3] Benjamin J S. Dispersion strengthened superalloys by mechanical alloying[J]. Metallurgical Transactions, 1970, 1(10): 2943-2951.

[4] 肖军, 潘晶, 刘新才. 高能球磨法及其在纳米晶磁性材料制备中的应用(一)[J]. 磁性材料及器件, 2005, 36(1): 6-10.

[5] 刘钟馨, 董相廷, 王进贤, 等. 反向共沉淀法制备 Y_2O_3-ZrO_2 纳米晶[J]. 稀有金属材料与工程, 2005, 34(10): 161-164.

[6] Karthik T V K, Lugo V R, Hernandez A G, et al. Low temperature facile synthesis of ZnO nuts and needle like microstructures[J]. Materials Letters, 2019, 246: 56-59.

[7] 张绍岩, 丁士文, 刘淑娟, 等. 均相沉淀法合成纳米 ZnO 及其光催化性能研究[J]. 化学学报, 2002, 60(7): 1225-1229.

[8] van Bommel A, Dahn J R. Analysis of the growth mechanism of coprecipitated spherical and dense nickel, manganese, and cobalt-containing hydroxides in the presence of aqueous ammonia[J]. Chemistry of Materials, 2009, 21(8): 1500-1503.

[9] Cheng G H, Yang H, Liang H D. Preparation of nanopowders TiO_2 by hydrolysis precipitation of titanium

alkoxid[J]. Rare Metal Materials and Engineerin, 2010, 39: 69-72.

[10]　Macwan D P, Dave P N, Chaturvedi S. A review on nano-TiO₂ Sol-gel type syntheses and its applications[J]. Journal of Materials Science, 2011, 46(11): 3669-3686.

[11]　Giordano C, Antonietti M. Synthesis of crystalline metal nitride and metal carbide nanostructures by Sol-gel chemistry[J]. Nano Today, 2011, 6(4): 366-380.

[12]　Wang Q Q, Wang J L, Jiang S X, et al. Recent progress in Sol-gel method for designing and preparing metallic and alloy nanocrystals[J]. Acta Physico-Chimica Sinica, 2019, 35(11): 1186-1206.

[13]　West L L. The Sol-gel process[J]. Chemical Reviews, 1990, 90: 33-72.

[14]　董相廷, 冯秀丽, 王进贤, 等. AgI 纳米粒子水溶胶的制备与表征[J]. 稀有金属材料与工程, 2005, 34(5): 761-763.

[15]　Williams O A, Douhéret O, Daenen M, et al. Enhanced diamond nucleation on monodispersed nanocrystalline diamond[J]. Chemical Physics Letters, 2007, 445(4-6): 255-258.

[16]　Ozawa M, Inaguma M, Takahashi M, et al. Preparation and behavior of brownish, clear nanodiamond colloids[J]. Advanced Materials, 2007, 19(9): 1201-1206.

[17]　Guo Q, Huang D C, Kou X L, et al. Synthesis of disperse amorphous SiO₂ nanoparticles *via* Sol-gel process[J]. Ceramics International, 2017, 43(1): 192-196.

[18]　Xiong Y J, Washio I, Chen J Y, et al. Poly(vinyl pyrrolidone): A dual functional reductant and stabilizer for the facile synthesis of noble metal nanoplates in aqueous solutions[J]. Langmuir, 2006, 22(20): 8563-8570.

[19]　Niu Z Q, Zhen Y R, Gong M, et al. Pd nanocrystals with single-, double-, and triple-cavities: Facile synthesis and tunable plasmonic properties[J]. Chemical Science, 2011, 2(12): 2392-2395.

[20]　Tanaka T, Fillmore D J. Kinetics of swelling of gels[J]. The Journal of Chemical Physics, 1979, 70(3): 1214-1218.

[21]　He P, Gao X D, Li X M, et al. Highly transparent silica aerogel thick films with hierarchical porosity from water glass *via* ambient pressure drying[J]. Materials Chemistry and Physics, 2014, 147(1-2): 65-74.

[22]　Oliveira E L G, Silvestre A J D, Silva C M. Review of kinetic models for supercritical fluid extraction[J]. Chemical Engineering Research and Design, 2011, 89(7): 1104-1117.

[23]　Sanli D, Bozbag S E, Erkey C. Synthesis of nanostructured materials using supercritical CO₂: Part I. Physical transformations[J]. Journal of Materials Science, 2012, 47(7): 2995-3025..

[24]　Bisson A, Rigacci A, Lecomte D, et al. Drying of silica gels to obtain aerogels: Phenomenology and basic techniques[J]. Drying Technology, 2003, 21(4): 593-628.

[25]　王玉琨, 钟浩波, 吴金桥. 微乳液法合成纳米二氧化硅粒子[J]. 西安石油学院学报(自然科学版), 2003(3): 61-64,68.

[26]　Chevalier Y, Bolzinger M A. Emulsions stabilized with solid nanoparticles: Pickering emulsions[J]. Colloids and Surfaces A: Physicochemical and Engineering Aspects, 2013, 439: 23-34.

[27]　Li X C, He G H, Xiao G K, et al. Synthesis and morphology control of ZnO nanostructures in microemulsions[J]. Journal of Colloid and Interface Science, 2009, 333(2): 465-473.

[28]　吴会军, 朱冬生, 向兰. 有机溶剂热法合成纳米材料的研究与发展[J]. 化工新型材料, 2005, 33(8): 1-4.

[29]　魏明真. 溶剂热法合成纳米材料的研究进展[J]. 四川化工, 2007, 10(3): 22-24.

[30]　Byrappa K, Adschiri T. Hydrothermal technology for nanotechnology[J]. Progress in Crystal Growth and Characterization of Materials, 2007, 53(2): 117-166.

[31]　Meng L Y, Wang B, Ma M G, et al. The progress of microwave-assisted hydrothermal method in the

synthesis of functional nanomaterials[J]. Materials Today Chemistry, 2016, 1: 63-83.

[32] Plyasunov A V, Shock E L. Correlation strategy for determining the parameters of the revised Helgeson-Kirkham-Flowers model for aqueous nonelectrolytes[J]. Geochimica et Cosmochimica Acta, 2001, 65(21): 3879-3900.

[33] Gao Y, Fan M M, Fang Q H, et al. Controllable synthesis, morphology evolution and luminescence properties of YbVO$_4$ microcrystals[J]. New J Chem, 2013, 37(3): 670-678.

[34] Lu R, Yuan J, Shi H L, et al. Morphology-controlled synthesis and growth mechanism of lead-free bismuth sodium titanate nanostructures *via* the hydrothermal route[J]. CrystEngComm, 2013, 15(19): 3984-3991.

[35] Safaei M, Sarraf-Mamoory R, Rashidzadeh M, et al. A Plackett-Burman design in hydrothermal synthesis of TiO$_2$-derived nanotubes[J]. Journal of Porous Materials, 2010, 17(6): 719-726..

[36] Bian Z F, Zhu J, Li H X. Solvothermal alcoholysis synthesis of hierarchical TiO$_2$ with enhanced activity in environmental and energy photocatalysis[J]. Journal of Photochemistry and Photobiology C: Photochemistry Reviews, 2016, 28: 72-86.

[37] Yang H G, Sun C H, Qiao S Z, et al. Anatase TiO$_2$ single crystals with a large percentage of reactive facets[J]. Nature, 2008, 453(7195): 638-641.

[38] Bian Z F, Zhu J, Wang J G, et al. Multitemplates for the hierarchical synthesis of diverse inorganic materials[J]. Journal of the American Chemical Society, 2012, 134(4): 2325-2331.

[39] Zhu J, Yang J, Bian Z F, et al. Nanocrystalline anatase TiO$_2$ photocatalysts prepared *via* a facile low temperature nonhydrolytic Sol-gel reaction of TiCl$_4$ and benzyl alcohol[J]. Applied Catalysis B: Environmental, 2007, 76(1-2): 82-91.

[40] Niu W J, Li Y, Zhu R H, et al. Ethylenediamine-assisted hydrothermal synthesis of nitrogen-doped carbon quantum dots as fluorescent probes for sensitive biosensing and bioimaging[J]. Sensors and Actuators B: Chemical, 2015, 218: 229-236.

[41] Mousavand T, Ohara S, Umetsu M, et al. Hydrothermal synthesis and *in situ* surface modification of boehmite nanoparticles in supercritical water[J]. The Journal of Supercritical Fluids, 2007, 40(3): 397-401.

[42] Cai H D, An X, Cui J, et al. Facile hydrothermal synthesis and surface functionalization of polyethyleneimine-coated iron oxide nanoparticles for biomedical applications[J]. ACS Applied Materials & Interfaces, 2013, 5(5): 1722-1731.

[43] Parauha Y R, Sahu V, Dhoble S J. Prospective of combustion method for preparation of nanomaterials: A challenge[J]. Materials Science and Engineering: B, 2021, 267: 115054.

[44] Varma A, Mukasyan A S. Combustion synthesis of advanced materials: Fundamentals and applications[J]. Korean Journal of Chemical Engineering, 2004, 21(2): 527-536.

[45] Merzhanov A G. History and recent developments in SHS[J]. Ceramics International, 1995, 21(5): 371-379.

[46] Patil K C, Aruna S T, Mimani T. Combustion synthesis: An update[J]. Current Opinion in Solid State and Materials Science, 2002, 6(6): 507-512.

[47] Sumantha H S, Rajagopal S, Nagaraju G, et al. Facile and eco-friendly combustion synthesis of NiO particles for photodegradation studies[J]. Chemical Physics Letters, 2021, 779: 138837.

[48] Mukasyan A S, Epstein P, Dinka P. Solution combustion synthesis of nanomaterials[J]. Proceedings of the Combustion Institute, 2007, 31(2): 1789-1795.

[49] Aruna S T, Mukasyan A S. Combustion synthesis and nanomaterials[J]. Current Opinion in Solid State and Materials Science, 2008, 12(3-4): 44-50.

[50]　Varma A, Mukasyan A S, Rogachev A S, et al. Solution combustion synthesis of nanoscale materials[J]. Chemical Reviews, 2016, 116(23): 14493-14586.

[51]　Gowthambabu V, Balamurugan A, Bharathy R D, et al. ZnO nanoparticles as efficient sunlight driven photocatalyst prepared by solution combustion method involved lime juice as biofuel[J]. Spectrochimica Acta Part A, Molecular and Biomolecular Spectroscopy, 2021, 258: 119857.

[52]　Liu H C, Yang J P, Zheng H H, et al. Investigation on the micromorphology and thermophysical properties of $NaNO_3$ heat storage materials modified by solution combustion[J]. Micron, 2021, 148: 103103.

[53]　Burkin V V, Tabachenko A N, Afanas'eva S A, et al. Synthesis of two-layer metal-ceramic materials with high-velocity-impact resistance based on refractory compounds and titanium[J]. Technical Physics Letters, 2018, 44(4): 344-347.

[54]　Seplyarskii B S, Ivleva T P, Grachev V V, et al. Changes in the composition of synthesis products upon transitioning from self-ignition to combustion[J]. Russian Journal of Physical Chemistry A, 2017, 91(7): 1204-1213.

[55]　张雪龄, 朱维耀, 蔡强, 等. 单分散介孔氧化硅微球的粒径可控制备[J]. 功能材料, 2011, 42(增刊 5): 803-808.

[56]　李如, 于良民, 贾兰妮, 等. 高分子模板调控不同形貌氧化亚铜的仿生合成[J]. 无机化学学报, 2013, 29(2): 265-270.

[57]　余承忠, 范杰, 赵东元. 利用嵌段共聚物及无机盐合成高质量的立方相、大孔径介孔氧化硅球[J]. 化学学报, 2002, 60(8): 1357-1360, 1347.

[58]　Li W, Zhao D Y. An overview of the synthesis of ordered mesoporous materials[J]. Chemical Communications, 2013, 49(10): 943-946.

[59]　Jana N R, Gearheart L, Murphy C J. Seed-mediated growth approach for shape-controlled synthesis of spheroidal and rod-like gold nanoparticles using a surfactant template[J]. Advanced Materials, 2001, 13(18): 1389-1393.

[60]　Cui Y, Lian X B, Xu L L, et al. Designing and fabricating ordered mesoporous metal oxides for CO_2 catalytic conversion: A review and prospect[J]. Materials, 2019, 12(2): 276.

[61]　Lee W, Park S J. Porous anodic aluminum oxide: Anodization and templated synthesis of functional nano-structures[J]. Chemical Reviews, 2014, 114(15): 7487-7556.

[62]　Ali H O. Review of porous anodic aluminium oxide (AAO) applications for sensors, MEMS and biomedical devices[J]. Transactions of the IMF, 2017, 95(6): 290-296.

[63]　Franklin A D, Smith J T, Sands T, et al. Controlled decoration of single-walled carbon nanotubes with Pd nanocubes[J]. The Journal of Physical Chemistry C, 2007, 111(37): 13756-13762.

[64]　Deng X H, Chen K, Tüysüz H. Protocol for the nanocasting method: Preparation of ordered mesoporous metal oxides[J]. Chemistry of Materials, 2017, 29(1): 40-52.

[65]　Kumar S, Malik M M, Purohit R. Synthesis methods of mesoporous silica materials[J]. Materials Today: Proceedings, 2017, 4(2): 350-357.

[66]　Wang Y X, Cui X Z, Li Y S, et al. High surface area mesoporous LaFe(x)Co($1-x$)O$_3$ oxides: Synthesis and electrocatalytic property for oxygen reduction[J]. Dalton Transactions, 2013, 42(26): 9448-9452.

[67]　Pendashteh A, Moosavifard S E, Rahmanifar M S, et al. Highly ordered mesoporous $CuCo_2O_4$ nanowires, a promising solution for high-performance supercapacitors[J]. Chemistry of Materials, 2015, 27(11): 3919-3926.

[68] Li X A, Forouzandeh F, Fürstenhaupt T, et al. New insights into the surface properties of hard-templated ordered mesoporous carbons[J]. Carbon, 2018, 127: 707-717.

[69] Leyva-García S, Lozano-Castelló D, Morallón E, et al. Silica-templated ordered mesoporous carbon thin films as electrodes for micro-capacitors[J]. Journal of Materials Chemistry A, 2016, 4(12): 4570-4579.

[70] Yang S Y, Yan Y, Huang J B, et al. Giant capsids from lattice self-assembly of cyclodextrin complexes[J]. Nature Communications, 2017, 8: 15856.

[71] Langner A, Tait S L, Lin N, et al. Self-recognition and self-selection in multicomponent supramolecular coordination networks on surfaces[J]. Proceedings of the National Academy of Sciences of the United States of America, 2007, 104(46): 17927-17930.

[72] Grzelczak M, Vermant J, Furst E M, et al. Directed self-assembly of nanoparticles[J]. ACS Nano, 2010, 4(7): 3591-3605.

[73] Shevchenko E V, Talapin D V, Kotov N A, et al. Structural diversity in binary nanoparticle superlattices[J]. Nature, 2006, 439(7072): 55-59.

[74] Talapin D V, Shevchenko E V, Bodnarchuk M I, et al. Quasicrystalline order in self-assembled binary nanoparticle superlattices[J]. Nature, 2009, 461(7266): 964-967.

[75] Bonaccorso F, Colombo L, Yu G H, et al. Graphene, related two-dimensional crystals, and hybrid systems for energy conversion and storage[J]. Science, 2015, 347(6217): 41.

[76] Hernandez Y, Nicolosi V, Lotya M, et al. High-yield production of graphene by liquid-phase exfoliation of graphite[J]. Nature Nanotechnology, 2008, 3(9): 563-568.

[77] Alaferdov A V, Savu R, Canesqui M A, et al. Ripplocation in graphite nanoplatelets during sonication assisted liquid phase exfoliation[J]. Carbon, 2018, 129: 826-829.

[78] Wood J D, Schmucker S W, Lyons A S, et al. Effects of polycrystalline Cu substrate on graphene growth by chemical vapor deposition[J]. Nano Letters, 2011, 11(11): 4547-4554.

[79] Hu C X, Li H J, Zhang S Y, et al. A molecular-level analysis of gas-phase reactions in chemical vapor deposition of carbon from methane using a detailed kinetic model[J]. Journal of Materials Science, 2016, 51(8): 3897-3906..

[80] Ani M H, Kamarudin M A, Ramlan A H, et al. A critical review on the contributions of chemical and physical factors toward the nucleation and growth of large-area graphene[J]. Journal of Materials Science, 2018, 53(10): 7095-7111.

[81] Yang Z W, Wu C, Li S, et al. A unique structure of highly stable interphase and self-consistent stress distribution radial-gradient porous for silicon anode[J]. Advanced Functional Materials, 2022, 32(13): 2107897.

[82] Yang C, Wu T R, Wang H M, et al. Copper-vapor-assisted rapid synthesis of large AB-stacked bilayer graphene domains on Cu-Ni alloy[J]. Small, 2016, 12(15): 2009-2013.

[83] Marcano D C, Kosynkin D V, Berlin J M, et al. Improved synthesis of graphene oxide[J]. ACS Nano, 2010, 4(8): 4806-4814.

[84] Pei S F, Wei Q W, Huang K, et al. Green synthesis of graphene oxide by seconds timescale water electrolytic oxidation[J]. Nature Communications, 2018, 9(1): 145.

[85] Bastwros M, Kim G Y, Zhu C, et al. Effect of ball milling on graphene reinforced Al6061 composite fabricated by semi-solid sintering[J]. Composites Part B: Engineering, 2014, 60: 111-118.

[86] Liu Z X, Su Z, Li Q B, et al. Induced growth of quasi-free-standing graphene on SiC substrates[J]. RSC

Advances, 2019, 9(55): 32226-32231.

[87] Iijima S, Ichihashi T. Single-shell carbon nanotubes of 1-nm diameter[J]. Nature, 1993, 363(6430): 603-605.

[88] Rathinavel S, Priyadharshini K, Panda D. A review on carbon nanotube: An overview of synthesis, properties, functionalization, characterization, and the application[J]. Materials Science and Engineering: B, 2021, 268: 115095.

[89] Seo S, Kim S, Yamamoto S, et al. Tailoring the surface morphology of carbon nanotube forests by plasma etching: A parametric study[J]. Carbon, 2021, 180: 204-214.

[90] Thess A, Lee R, Nikolaev P, et al. Crystalline ropes of metallic carbon nanotubes[J]. Science, 1996, 273(5274): 483-487.

[91] Arepalli S. Laser ablation process for single-walled carbon nanotube production[J]. Journal of Nanoscience and Nanotechnology, 2004, 4(4): 317-325.

[92] Roch A, Jost O, Schultrich B, et al. High-yield synthesis of single-walled carbon nanotubes with a pulsed arc-discharge technique[J]. Physica Status Solidi (b), 2007, 244(11): 3907-3910.

[93] Liu Y X, Liu J H, Zhu C C. Flame synthesis of carbon nanotubes for panel field emission lamp[J]. Applied Surface Science, 2009, 255(18): 7985-7989.

[94] Zhang C, Tian B, Chong C T, et al. Synthesis of single-walled carbon nanotubes in rich hydrogen/air flames[J]. Materials Chemistry and Physics, 2020, 254: 123479.

[95] Bukhtiyarova M V. A review on effect of synthesis conditions on the formation of layered double hydroxides[J]. Journal of Solid State Chemistry, 2019, 269: 494-506.

[96] Prasad C, Tang H, Liu Q Q, et al. An overview of semiconductors/layered double hydroxides composites: Properties, synthesis, photocatalytic and photoelectrochemical applications[J]. Journal of Molecular Liquids, 2019, 289: 111114.

[97] Coiai S, Pérez Amaro L, Cicogna F, et al. Progress in understanding of the interactions between functionalized polyolefins and organo-layered double hydroxides[J]. Macromolecular Reaction Engineering, 2014, 8(2): 122-133.

[98] Lyu B, Wang Y F, Gao D G, et al. Intercalation of modified zanthoxylum bungeanum Maxin seed oil/stearate in layered double hydroxide: Toward flame retardant nanocomposites[J]. Journal of Environmental Management, 2019, 238: 235-242.

[99] Zhang C L, Yu J Y, Feng K, et al. Synthesis and characterization of triethoxyvinylsilane surface modified layered double hydroxides and application in improving UV aging resistance of bitumen[J]. Applied Clay Science, 2016, 120: 1-8.

[100] Kameda T, Takaizumi M, Kumagai S, et al. Uptake of Ni^{2+} and Cu^{2+} by Zn-Al layered double hydroxide intercalated with carboxymethyl-modified cyclodextrin: Equilibrium and kinetic studies[J]. Materials Chemistry and Physics, 2019, 233: 288-295.

[101] Mallakpour S, Dinari M. Facile synthesis of nanocomposite materials by intercalating an optically active poly(amide-imide) enclosing (l)-isoleucine moieties and azobenzene side groups into a chiral layered double hydroxide[J]. Polymer, 2013, 54(12): 2907-2916.

[102] Li D X, Xu X J, Xu J, et al. Poly(ethylene glycol) haired layered double hydroxides as biocompatible nanovehicles: Morphology and dispersity study[J]. Colloids and Surfaces A: Physicochemical and Engineering Aspects, 2011, 384(1-3): 585-591.

[103] Li X, Yang Z C, Qi W, et al. Binder-free Co_3O_4@NiCoAl-layered double hydroxide core-shell hybrid

architectural nanowire arrays with enhanced electrochemical performance[J]. Applied Surface Science, 2016, 363: 381-388.

[104]　Wu S X, Hui K S, Hui K N. One-dimensional core-shell architecture composed of silver Nanowire@Hierarchical nickel-aluminum layered double hydroxide nanosheet as advanced electrode materials for pseudo-capacitor[J]. The Journal of Physical Chemistry C, 2015, 119(41): 23358-23365.

[105]　Fang J H, Li M, Li Q Q, et al. Microwave-assisted synthesis of CoAl-layered double hydroxide/graphene oxide composite and its application in supercapacitors[J]. Electrochimica Acta, 2012, 85: 248-255.

[106]　Cosano D, Esquivel D, Romero F J, et al. Microwave-assisted synthesis of hybrid organo-layered double hydroxides containing cholate and deoxycholate[J]. Materials Chemistry and Physics, 2019, 225: 28-33.

[107]　Smalenskaite A, Salak A N, Ferreira M G S, et al. Sol-gel synthesis and characterization of hybrid inorganic-organic Tb(Ⅲ)-terephthalate containing layered double hydroxides[J]. Optical Materials, 2018, 80: 186-196.

[108]　Chubar N, Gerda V, Megantari O, et al. Applications versus properties of Mg-Al layered double hydroxides provided by their syntheses methods: Alkoxide and alkoxide-free Sol-gel syntheses and hydrothermal precipitation[J]. Chemical Engineering Journal, 2013, 234: 284-299.

[109]　Naguib M, Kurtoglu M, Presser V, et al. Two-dimensional nanocrystals produced by exfoliation of Ti_3AlC_2[J]. Advanced Materials, 2011, 23(37): 4248-4253.

[110]　Huang X W, Wu P Y. A facile, high-yield, and freeze-and-thaw-assisted approach to fabricate MXene with plentiful wrinkles and its application in on-chip micro-supercapacitors[J]. Advanced Functional Materials, 2020, 30(12): 1910048.

[111]　Zhang J S, Chen Y, Wang X C. Two-dimensional covalent carbon nitride nanosheets: Synthesis, functionalization, and applications[J]. Energy & Environmental Science, 2015, 8(11): 3092-3108.

[112]　Srivastava P, Mishra A, Mizuseki H, et al. Mechanistic insight into the chemical exfoliation and functionalization of Ti_3C_2 MXene[J]. ACS Applied Materials & Interfaces, 2016, 8(36): 24256-24264.

[113]　Alhabeb M, Maleski K, Mathis T S, et al. Selective etching of silicon from Ti_3SiC_2 (MAX) to obtain 2D titanium carbide (MXene)[J]. Angewandte Chemie (International Ed), 2018, 57(19): 5444-5448.

[114]　Ghidiu M, Lukatskaya M R, Zhao M Q, et al. Conductive two-dimensional titanium carbide 'clay' with high volumetric capacitance[J]. Nature, 2014, 516(7529): 78-81.

[115]　Li F C, Liu Y, Shi X L, et al. Printable and stretchable temperature-strain dual-sensing nanocomposite with high sensitivity and perfect stimulus discriminability[J]. Nano Letters, 2020, 20(8): 6176-6184.

[116]　Liu F F, Zhou A G, Chen J F, et al. Preparation of Ti_3C_2 and Ti_2C MXenes by fluoride salts etching and methane adsorptive properties[J]. Applied Surface Science, 2017, 416: 781-789.

[117]　Karlsson L H, Birch J, Halim J, et al. Atomically resolved structural and chemical investigation of single MXene sheets[J]. Nano Letters, 2015, 15(8): 4955-4960.

[118]　Husmann S, Budak Ö, Shim H, et al. Ionic liquid-based synthesis of MXene[J]. Chemical Communications, 2020, 56(75): 11082-11085.

[119]　Pang S Y, Wong Y T, Yuan S G, et al. Universal strategy for HF-free facile and rapid synthesis of two-dimensional MXenes as multifunctional energy materials[J]. Journal of the American Chemical Society, 2019, 141(24): 9610-9616.

[120]　Yang S, Zhang P P, Wang F X, et al. Fluoride-free synthesis of two-dimensional titanium carbide (MXene) using a binary aqueous system[J]. Angewandte Chemie (International Ed), 2018, 57(47): 15491-15495.

[121] Li T F, Yao L L, Liu Q L, et al. Fluorine-free synthesis of high-purity $Ti_3C_2t_x$ (T=OH, O) *via* alkali treatment[J]. Angewandte Chemie (International Ed), 2018, 57(21): 6115-6119.

[122] Zhang C J, Pinilla S, McEvoy N, et al. Oxidation stability of colloidal two-dimensional titanium carbides (MXenes)[J]. Chemistry of Materials, 2017, 29(11): 4848-4856.

[123] Peng C, Wei P, Chen X, et al. A hydrothermal etching route to synthesis of 2D MXene (Ti_3C_2, Nb_2C): Enhanced exfoliation and improved adsorption performance[J]. Ceramics International, 2018, 44(15): 18886-18893.

[124] Mei J, Ayoko G A, Hu C F, et al. Two-dimensional fluorine-free mesoporous Mo_2C MXene *via* UV-induced selective etching of Mo_2Ga_2C for energy storage[J]. Sustainable Materials and Technologies, 2020, 25: e00156.

[125] Liu B L, Fathi M, Chen L, et al. Chemical vapor deposition growth of monolayer WSe_2 with tunable device characteristics and growth mechanism study[J]. ACS Nano, 2015, 9(6): 6119-6127.

[126] Jeon J, Jang S K, Jeon S M, et al. Layer-controlled CVD growth of large-area two-dimensional MoS_2 films[J]. Nanoscale, 2015, 7(5): 1688-1695.

[127] Xu C, Wang L B, Liu Z B, et al. Large-area high-quality 2D ultrathin Mo_2C superconducting crystals[J]. Nature Materials, 2015, 14(11): 1135-1141.

[128] Wang Z X, Kochat V, Pandey P, et al. Metal immiscibility route to synthesis of ultrathin carbides, borides, and nitrides[J]. Advanced Materials, 2017, 29(29): 1700364.

[129] Mei J, Ayoko G A, Hu C F, et al. Thermal reduction of sulfur-containing MAX phase for MXene production[J]. Chemical Engineering Journal, 2020, 395: 125111.

[130] Du H W, Lin X, Xu Z M, et al. Recent developments in black phosphorus transistors[J]. Journal of Materials Chemistry C, 2015, 3(34): 8760-8775.

[131] Li L K, Yu Y J, Ye G J, et al. Black phosphorus field-effect transistors[J]. Nature Nanotechnology, 2014, 9(5): 372-377.

[132] Castellanos-Gomez A, Vicarelli L, Prada E, et al. Isolation and characterization of few-layer black phosphorus[J]. 2D Materials, 2014, 1(2): 025001.

[133] Lu W L, Nan H Y, Hong J H, et al. Plasma-assisted fabrication of monolayer phosphorene and its Raman characterization[J]. Nano Research, 2014, 7(6): 853-859.

[134] Ambrosi A, Sofer Z, Pumera M. Electrochemical exfoliation of layered black phosphorus into phosphorene[J]. Angewandte Chemie (International Ed), 2017, 56(35): 10443-10445.

[135] Brent J R, Savjani N, Lewis E A, et al. Production of few-layer phosphorene by liquid exfoliation of black phosphorus[J]. Chemical Communications, 2014, 50(87): 13338-13341.

[136] Yasaei P, Kumar B, Foroozan T, et al. High-quality black phosphorus atomic layers by liquid-phase exfoliation[J]. Advanced Materials, 2015, 27(11): 1887-1892.

[137] Chen L, Zhou G M, Liu Z B, et al. Scalable clean exfoliation of high-quality few-layer black phosphorus for a flexible lithium ion battery[J]. Advanced Materials, 2016, 28(3): 510-517.

[138] Zhao W C, Xue Z M, Wang J F, et al. Large-scale, highly efficient, and green liquid-exfoliation of black phosphorus in ionic liquids[J]. ACS Applied Materials & Interfaces, 2015, 7(50): 27608-27612.

[139] Li X S, Deng B C, Wang X M, et al. Synthesis of thin-film black phosphorus on a flexible substrate[J]. 2D Materials, 2015, 2(3): 031002.

[140] Smith J B, Hagaman D, Ji H F. Growth of 2D black phosphorus film from chemical vapor deposition[J].

Nanotechnology, 2016, 27(21): 215602.

[141] Li C, Wu Y, Deng B C, et al. Synthesis of crystalline black phosphorus thin film on sapphire[J]. Advanced Materials, 2018, 30(6): 1703748.

[142] Wu Z H, Lyu Y X, Zhang Y, et al. Large-scale growth of few-layer two-dimensional black phosphorus[J]. Nature Materials, 2021, 20(9): 1203-1209.

[143] Zhang X L, Tang Y B, Zhang F, et al. A novel aluminum-graphite dual-ion battery[J]. Advanced Energy Materials, 2016, 6(11): 1502588.

第 4 章

纳米材料的表面改性和表征测试技术

4.1 纳米材料改性

（1）纳米粒子团聚的自发性

纳米粒子小尺寸和表面效应决定了纳米粒子具有极大的比表面能，极易团聚。从热力学角度，依据能量最低原理，分散和团聚状态的纳米材料总表面能分别为：

$$G_1 = \gamma S_1 \qquad G_2 = \gamma S_2$$

式中，S_1、S_2 分别为团聚前和团聚后纳米材料的总表面积；γ 为单位面积表面自由能。

$$\Delta G = G_2 - G_1 = \gamma(S_2 - S_1) < 0$$

为了充分发挥纳米材料的特殊功能，必须采用物理、化学方法对纳米材料表面进行处理，有目的地改变材料表面的物理化学性质，如表面原子层结构和官能团、表面疏水性、电性、化学吸附和反应特性等，可以有效达到以下的作用：①保护纳米材料，改善其分散性；②改善纳米材料的润湿性，增强界面相容性，改善粒子分散性，提高粒子应用性能；③提高纳米粒子的表面活性；④在纳米材料表面引入具有独特功能的活性基团，实现与基体材料的复合，获得特殊的光、电、磁等功能特性；⑤在纳米材料表面的特定位置选择性地连接某些具有特殊功能的分子在纳米组装、纳米传感器、生物探针、药物运输、涂料和光催化等方面有重要应用。

（2）纳米粒子的团聚过程及机制液相法

团聚的第一个过程：液相中析出纳米颗粒时，颗粒之间在相互接触处局部"溶合"形成一个大颗粒。该过程一般为可逆过程，通过改变环境条件可以改变团聚和离散的平衡状态。阻碍两个颗粒互相碰撞形成团聚体的势垒：

$$V_T = V_W + V_R + V_S$$

式中　V_W——起源于范德华力，为负值，与粒子种类、大小和液相的介电性能有关；

　　　　V_R——起源于静电斥力，为正值，大小通过液相的 pH 值、反应离子浓度、温度等参数来实现；

　　　　V_S——起源于颗粒表面吸附有机大分子后形成的空间位阻，可正可负，大小取决于粒子表面吸附的有机大分子的特性（如链长、亲水、亲油基团特性等）和有机大分子在液相中的浓度。

团聚的第二个过程：从液相中生长出的颗粒需干燥，将液体排出。随着液相的蒸发，在表面张力作用下固相颗粒不断地相互靠近，最后紧紧地聚集在一起。液相为水，通过氢键团聚。液相含有微量盐类等杂质（如氯化物、氢氧化物）：形成盐桥，吸附水和配位水数量增多；干燥过程中粒子易长大，煅烧中易团聚且不可逆；沉淀必须充分洗涤，除尽残液中盐和杂质离子 NH_4^+、OH^-、Cl^- 等。

团聚的第三个过程：煅烧过程中使已形成的团聚体因发生局部烧结而结合得更牢固，是一个不可逆过程。

消除团聚可用物理方法为机械搅拌、超声波分散（20～5000kHz 的声波）等，其缺点在于外界作用力停止，粒子间由于分子间力的作用，又会相互聚集。

根据纳米粒子与改性剂表面发生作用的方式，改性方法常分为物理改性法和化学改性法。

4.1.1　物理改性

物理改性方法是利用吸附、涂覆、包覆等物理手段对粉体表面进行改性，如表面吸附和表面沉积法。

（1）表面吸附法

通过范德华力或静电力将异质材料吸附在纳米粒子的表面，防止纳米粒子团聚。比如用表面活性剂修饰纳米粒子，因表面活性剂具有亲水和亲油结构，可降低表面张力、减小表面能，并能对溶液进行乳化、润湿，增强界面相容性，改善粒子分散性，提高粒子的润湿、成膜等功能。在纳米颗粒表面形成一层有机分子膜，阻碍颗粒之间的相互接触，增大颗粒间的距离。亲水基团与表面基团结合生成新结构，赋予纳米材料表面新的活性。降低纳米粒子的表面能，使纳米材料处于稳定状态。表面活性剂的亲油基团在粒子表面形成空间位阻，防止纳米颗粒再团聚。

例如，通过表面活性剂和聚乙二醇的共吸附作用构建了功能化单壁碳纳米管，该纳米材料可以有效地抵抗链霉亲和素的非特异性吸附，图 4-1 为该实验的方案图。

（2）表面沉积法

表面沉积法是利用无机化合物或有机化合物（水溶性或油性高分子化合物及脂肪酸皂等）包覆在纳米颗粒表面，形成与颗粒表面无化学结合的异质包覆层，对纳米颗粒的团聚起到减弱或屏蔽作用。此外，包覆物的存在也产生了空间位阻斥力，使粒子再团聚十分困难。

例如，采用表面沉积法在 TiO_2 纳米粒子表面包覆 Al_2O_3，其工艺过程如下：将 TiO_2 粒子分散在水中，在 60℃，将浓硫酸调节 pH 值（1.5～2.0），同时，加入铝酸钠水溶液，即可得到有 Al_2O_3 包覆层的 TiO_2 粒子。

4.1.2　化学改性

化学改性法是纳米颗粒表面原子与改性剂分子发生化学反应，改变其表面结构和化学状态的方法，是纳米颗粒分散、复合的重要手段。常用方法有偶联剂改性、酯化反应法和聚合物表面接枝等。

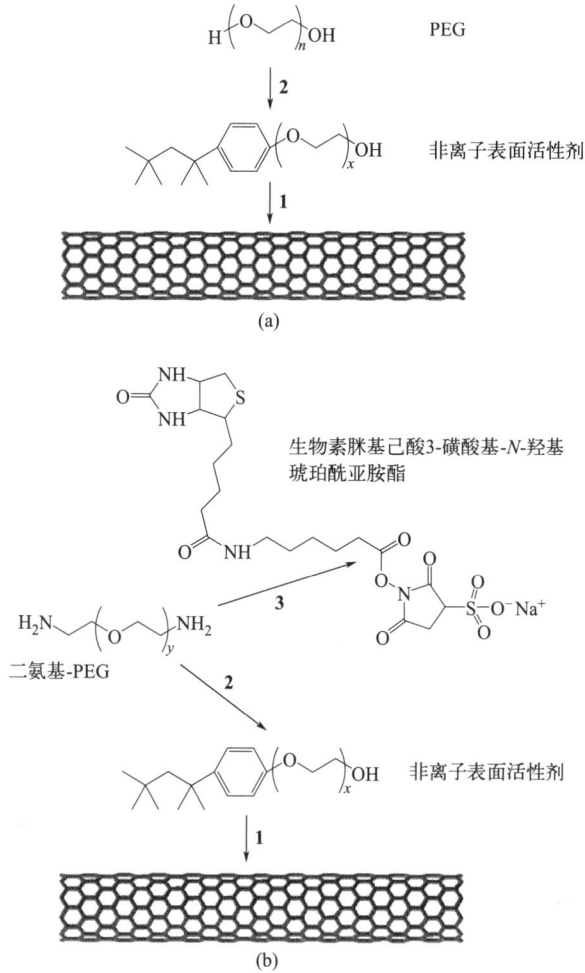

图 4-1　构建功能化单壁碳纳米管

（1）偶联剂改性

这种方法是通过偶联剂与纳米颗粒表面发生化学偶联反应，两组分之间除了范德华力、氢键或配位键相互作用外，还有离子键和共价键的结合。偶联剂分子必须具有两种基团：一种与无机物表面能进行化学反应，另一种（有机官能团）与有机物具有反应性或相容性。常用的偶联剂为硅烷偶联剂，其通式为 $RSiX_3$，R 代表与聚合物分子有亲和力或反应能力的活性官能团，如氧基、巯基、乙烯基、环氧基、酰胺基、氨丙基等；X 代表能够水解的烷氧基，如卤素、烷氧基、酰氧基等。表 4-1 给出了硅烷偶联剂与无机纳米粒子表面化学结合程度的对比图。

可见，硅烷偶联剂对于表面具有羟基的无机纳米粒子最有效，而对羟基含量少的石墨等不适用。表 4-2 也给出了一些代表性的硅烷偶联剂和与其相容的聚合物。

例如，纳米二氧化硅粉体的表面化学改性常使用的硅烷偶联剂有：氨基、环氧基、甲基丙烯基、三甲基、甲基和乙烯基等。硅烷偶联剂的—RO 官能团可在水中（包括填料表面所吸附的自由水）水解产生硅醇基，这一基团可与 SiO_2 进行化学结合或与表面原有的硅醚醇基结合为一体，成为均相体系。既除去了 SiO_2 表面的水分，又与其中的氧原子形成硅醚键，从而使硅烷偶联剂的另一端所携带的与高分子聚合物具有很好的亲和性的有机官能团—R′牢固地覆盖在二氧化硅颗粒表面，形成具有反应活性的包覆膜。经硅烷偶联剂处理后的活性 SiO_2 纳米粒子的结构如图 4-2 所示。

表 4-1　硅烷偶联剂与无机纳米粒子表面化学结合程度

强　　　结合程度　　　弱			
玻璃、二氧化硅、氧化铝等	滑石、黏土、云母、高岭土、硅灰石、氢氧化铝、各种金属等	铁氧体、氧化钛、氢氧化镁等	碳酸钙、炭黑、石墨、氮化硼等

表 4-2　代表性的硅烷偶联剂和与其相容的聚合物

硅烷偶联剂的结构式	适用的聚合物
$CH_2{=}CHSi(OC_2H_5)_3$	聚烯烃、丙烯酸酯、EPDM（三元乙丙橡胶）等
$CH_2{=}CHSi(OC_2H_3)_2$	聚烯烃、丙烯酸酯、EPDM 等
$HSC_3H_6Si(OCH_3)_3$	各种弹性体、聚氨酯、PPS（聚苯硫醚）等
$H_2NC_3H_6Si(OC_2H_5)_3$	聚烯烃、聚氯乙烯、氨基树脂、聚酰酚醛树脂等
$H_2NC_2H_4NHC_3H_6Si(OCH_3)_3$	聚氨酯、环氧、聚烯烃、聚氯乙烯、氨基树脂、聚酰胺、酚醛树脂等
$H_2NCONHC_3H_6Si(OC_2H_5)_3$	环氧、酚醛树脂、聚酰胺、聚氨酯、氨基树脂、聚碳酸酯等

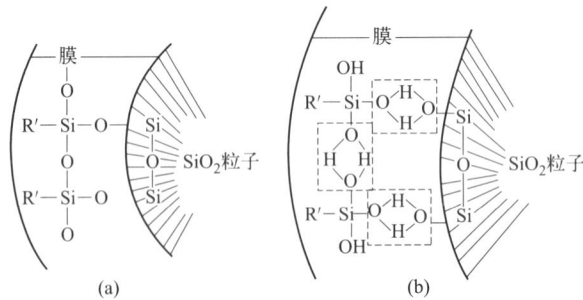

图 4-2　经硅烷偶联剂处理后的活性 SiO_2 纳米粒子的结构

　　例如，利用钛酸酯偶联剂 KTTO 对二氧化硅微粉（SMP）进行表面改性，其表面改性机理如图 4-3 所示，其中 KTTO 和 SMP 在 100℃的加热温度下发生脱醇和缩合反应。KTTO 在 Ti—O 键处断裂以分离—$OCH(CH_3)_2$，SMP 表面的羟基在 Si—O—H 键处断裂形成游离氢。随后，—$OCH(CH_3)_2$ 和游离氢结合形成异丙醇，如放大图所示。mSMP 通过多次洗涤和干燥除去作为非作用副产物的异丙醇。SMP 表面残留的 Si—O—和断裂后的其余部分—$OCH(CH_3)_2$ 在 KTTO 上发生键合反应形成 Si—O—Ti 键。通过这个过程，新生的 Si—O—Ti 键充当连接 KTTO 和 SMP 表面的纽带。

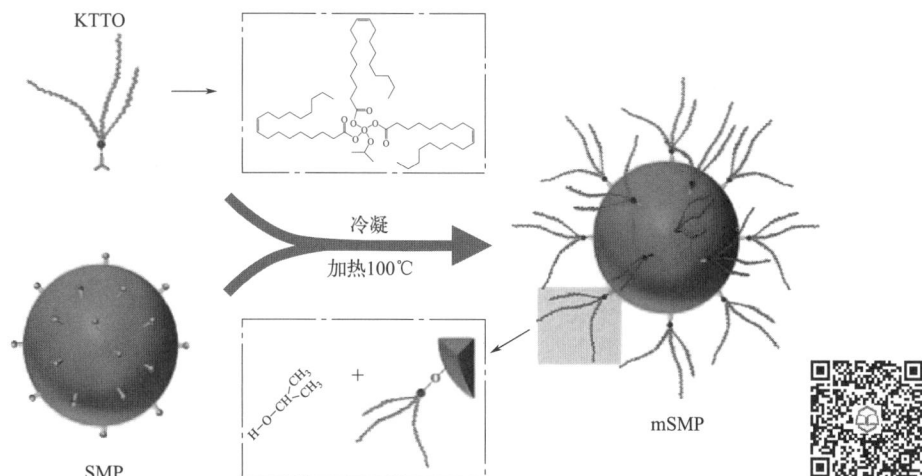

图 4-3　KTTO 改性 SMP

从改性后的 SEM 图中可以看到，SMP［图 4-4（a）、（b）］颗粒边界是模糊的，并且发现了大的团聚体。在 mSMP 的 SEM 图像［图 4-4（c）、（d）］中，颗粒边界清晰，粒度明显，团聚较少，表明 mSMP 的整体分散性得到显著改善。

（2）酯化反应法

例如，金属氧化物与醇的反应，这种改性使纳米粒子表面由原来亲水疏油变成亲油疏水的表面。对表面为弱酸性和中性的纳米粒子最有效，如 SiO_2、Fe_2O_3、TiO_2、Al_2O_3、Fe_3O_4、ZnO 和 Mn_2O_3 等。例如，以乙二醇（EG）、聚乙二醇（PEG）和甘露醇（D-M）为表面改性剂可制备改性的 Fe_3O_4 颗粒（分别命名为 E-Fe_3O_4、P-Fe_3O_4 和 D-Fe_3O_4）。从图 4-5 可以看到，醇类分子能成功地修饰在 Fe_3O_4 颗粒表面，但未改变其形貌、大小。

图 4-4　SMP（a）、（b）和 mSMP（c）、（d）的 SEM 图像

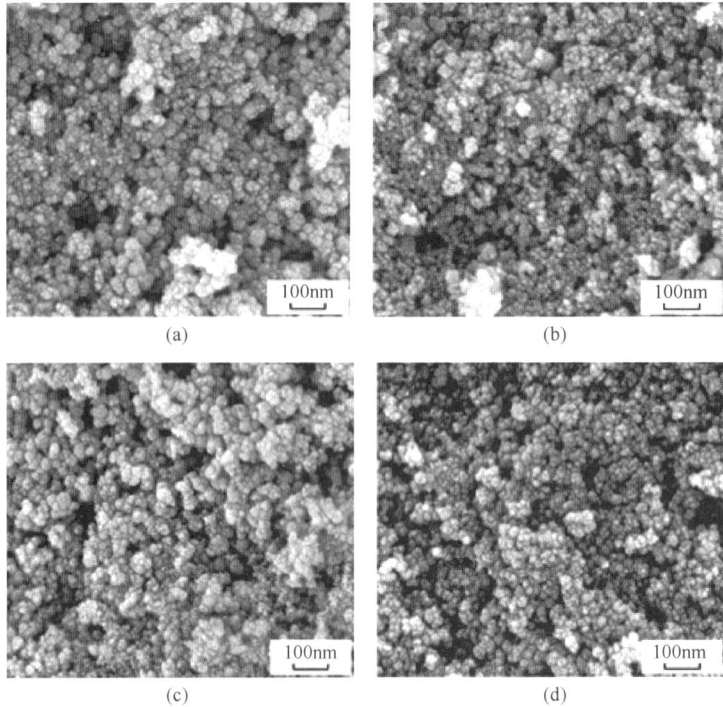

图 4-5   通过酯化反应对磁性 Fe_3O_4 纳米粒子改性的 SEM 图

（3）聚合物表面接枝

这种方法是通过化学反应将高分子链接到无机纳米粒子表面。主要分为三类。

聚合与表面接枝同步进行法。接枝的条件是无机纳米粒子表面有较强的自由基捕捉能力。单体在引发剂作用下完成聚合的同时，立即被无机纳米粒子表面强自由基捕获，使高分子的链与无机纳米粒子表面化学连接，实现了颗粒表面的接枝。这种边聚合边接枝的修饰方法对炭黑等纳米粒子特别有效。

颗粒表面聚合生长接枝法。单体在引发剂作用下直接从无机粒子表面开始聚合，诱发生长，完成了颗粒表面高分子包覆，这种方法的特点是接枝率较高。

偶连接枝法。通过纳米粒子表面的官能团与高分子的直接反应实现接枝，接枝可由下式来描述：

$$颗粒—OH+OCN{\sim}P \longrightarrow 颗粒—OCONH{\sim}P$$
$$颗粒—NCO+OH{\sim}P \longrightarrow 颗粒—NHCOO{\sim}P$$

这种方法的优点是接枝的量可以进行控制，效率较高。

4.2   纳米材料的表征和性能测试

纳米材料的表征和性能测试主要包括：成分分析、结构分析、粒度分析、形貌分析、表面与界面分析，力学、电学、磁学和光学等性能测试等。除了一些常规表征方法（如化学法、粒度分析法、比表面积法等）外，扫描电子显微镜、透射电子显微镜和扫描探针显微镜由于其独特的优势，成为纳米材料的特有表征和测试分析方法，这里重点对其进行介绍。

4.2.1 扫描电子显微镜

（1）工作原理

扫描电子显微镜（scanning electron microscope，SEM）以聚焦电子束作为照明源，电子束所产生的信号如图 4-6 所示，其中二次电子（secondary electron，SE）、背散射电子（backscattered electrons）和特征 X 射线（characteristic X-rays）是主要的成像信号。在入射电子束作用下被轰击出来并离开样品表面的样品原子的核外电子叫作二次电子。二次电子一般都是在表层 5～10nm 深度范围内发射出来的，它对样品的表面形貌十分敏感，能非常有效地显示样品的表面形貌。背散射电子（back secondary electron，BSE）是被固体样品中的原子核反弹回来的一部分入射电子。背散射电子发射系数随原子序数增大而增大。因此有良好的成分衬度。背散射电子对表面形貌也比较敏感，因此背散射电子成像有两种模式：成分模式和形貌模式。根据成像信号，SEM 的成像模式有：二次电子像、背散射电子像、吸收电子像等。

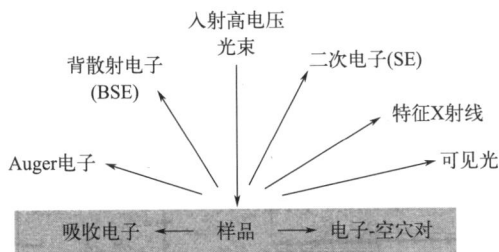

图 4-6　电子束与样品相互作用所产生的信号

扫描电子显微镜的结构如图 4-7 所示，由真空系统、电子控制系统和电子光学系统所组成。以二次电子的成像为例，由电子枪发射的电子，以其交叉斑作为电子源，经二级聚光镜及物镜的缩小，形成具有一定能量、一定束流强度和束斑直径的微细电子束，在偏转线圈作用下于试样表面按一定时间、空间顺序做栅网式扫描。聚焦电子束与试样相互作用，产生二次电子发射（以及其他物理信号），二次电子发射量随试样表面形貌而变化。二次电子信号被探测器收集转换成电信号以调制显示器的亮度。

（2）特点和应用

结合 X 射线分光光谱仪、电子探针以及其他技术，SEM 的分析精度不断提高，应用功能不断扩大，已经发展成为分析型扫描电子显微镜，成为众多研究领域不可或缺的工具，在冶金矿产、生物医学、材料科学、物理和化学等领域应用广泛。扫描电镜具有以下优点。

① 放大倍率高。SEM 的放大倍率从几十放大到几十万倍，连续可调。

② 分辨率高。目前用 W 灯丝的 SEM，分辨率已达到 3～6nm，场发射源 SEM 分辨率可达到 1nm。

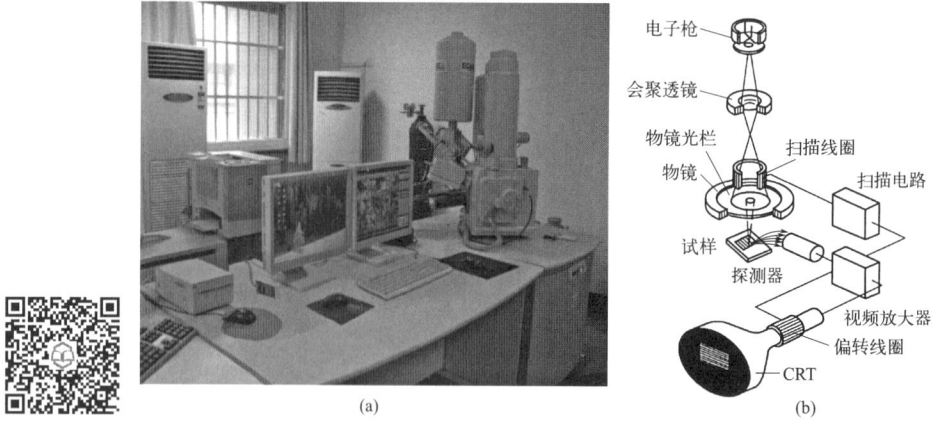

图 4-7　Sirion 场发射扫描式电子显微镜实物图和内部结构

③ 景深大。景深大的图像立体感强,对粗糙不平的断口样品观察需要大景深的 SEM。一般情况下, SEM 比透射电镜的景深大 10 倍。

④ 制样简单。样品可以是自然面、断口、块状、粉体、反光及透光光片,对不导电的样品只需蒸镀一层 20nm 的导电膜。

4.2.2　透射电子显微镜

透射电子显微镜 (transmission electron microscope, TEM) 是以波长极短的电子束作为照明源,用电磁透镜聚焦成像的一种高分辨本领、高放大倍数的电子光学仪器。

透射电子显微镜具有很高的空间分辨率,适合分析纳米级样品的形貌、尺寸、成分和微区相结构信息。在空心结构、异质结构等纳米材料的表征方面具有较大的优势。

随着成像理论和探测技术的发展,现代透射电镜又多了一个成像方式,扫描透射像 (STEM)。与使用静态电子束的 TEM 不同, STEM 通过扫描线圈控制电子束,在样品勘测到的点信号被放大到显示屏,成像时间在数秒或数分钟。图 4-8 是 STEM 成像的示意图,

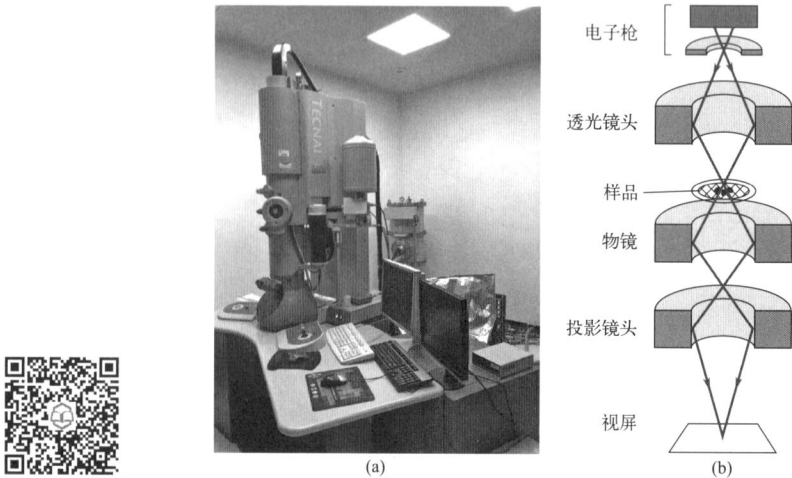

图 4-8　透射电镜 Tecnai G2 T20 实物图和内部结构

使用 STEM 模式可以观察附着在碳膜上的金纳米岛的形貌。除了利用质厚衬度像对样品进行一般的形貌观察外，利用电子衍射等技术还可以对样品进行物相结构分析。利用高分辨 TEM 像可以直接观察晶体中存在的结构缺陷。

4.2.3　扫描探针显微镜

4.2.3.1　扫描隧道显微镜

1981 年，德国物理学家宾尼（G. Binnig）和瑞士物理学家罗勒（H. Rohrer）根据量子力学原理中的隧道效应合作发明了扫描隧道显微镜（scanning tunneling microscope, STM），并因此在 1986 年获诺贝尔物理学奖。STM 的基本原理是利用量子理论中的隧道效应（图 2-11）探测物质表面结构。

STM 仪器的工作原理如图 4-9 所示，将端部具有原子细度的金属丝（W 丝、Pt 丝等）探针和被研究物质的表面作为两个电极，当样品与针尖的距离非常接近时（通常小于 1nm），在外加电场的作用下，电子会穿过两个电极之间的势垒流向另一电极。所产生的隧道电流 I 是电子波函数重叠的量度，与针尖和样品之间距离 s 和平均功函数 Φ 有关：

$$I \propto V_b \exp(-As\sqrt{\Phi})$$

式中，V_b 为加在针尖和样品之间的偏置电压；Φ 为针尖和样品的功函数；A 为常数，在真空条件下约等于 1。扫描探针一般采用直径小于 1mm 的细金属丝，被观测样品应具有一定导电性才可以产生隧道电流。隧道电流强度对针尖与样品表面的间距非常敏感（图 4-10），如果距离 s 减小 0.1nm，隧道电流 I 将增加一个数量级，因此，利用电子反馈线路控制隧道电流的恒定，并用压电陶瓷材料控制针尖在样品表面的扫描，探针在垂直于样品方向上高低的变化就反映出了样品表面的起伏，这种扫描模式称为恒流模式。对于起伏不大的样品表面，可以控制针尖高度守恒扫描，通过记录隧道电流的变化可得到表面态密度的分布。这种扫描方式称为恒高模式，其特点是扫描速度快，能够减少噪声和热漂移对信号的影响，但一般不能用于观察表面起伏大于 1nm 的样品。

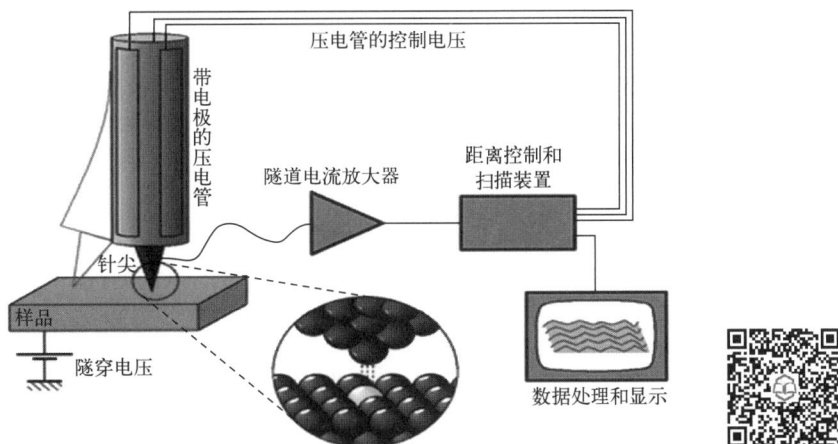

图 4-9　STM 仪器原理

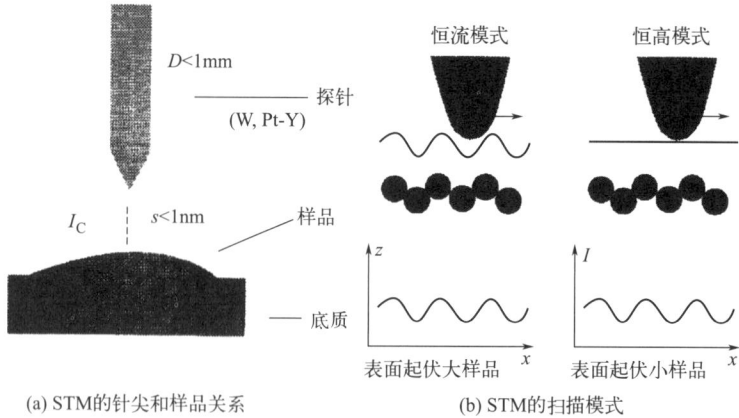

(a) STM的针尖和样品关系　　　(b) STM的扫描模式

图 4-10　STM 针尖与样品表面形貌关系以及扫描模式

STM 在纳米科学与技术中的作用如下。

（1）纳米科学的眼睛

不同于高分辨的透射电镜，STM 的样品无需抛光减薄，可以在对样品表面无损伤的条件下获得原子级分辨率的图像。

（2）单原子和单分子操纵

自 STM 成功发明，并在科技领域获得广泛应用之后，人们就希望能够把 STM 探针作为在微观世界中操纵原子的"手"，实现人们直接操纵原子的梦想（图 4-11）。

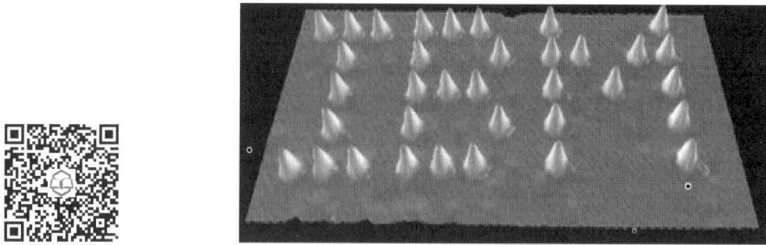

图 4-11　用 STM 在 Ni 表面移动氙原子排出的"IBM"图案

（3）实现单分子化学反应

通过 STM，科学家们可以一个个地将单个的原子放在一起以构成一个新的分子，或是把单个分子拆成几个分子或原子。

（4）在分子水平上构造电子学器件

人们一直在追求电子器件的高速化与小型化，利用单分子的独特的量子电子学特性，IBM 的科学家利用 STM 针尖压迫 C_{60} 单分子，使 C_{60} 分子变形，从而通过改变其内部的结构而使其电导增加了两个数量级。这种过程是可逆的，当压力除去后，电导又回复到原来的水平，因此可以把这个体系看成是一种"电力"开关，其开关能耗仅为 10～18J，比现有固体开关电路要小一万倍，而它的开关频率则要高得多。

（5）在 STM 基础上发展起来的各种新型显微镜

基于 STM 的基本原理，现在已发展起来了一系列扫描探针显微镜（SPM），如原子力显微镜（AFM）、磁力显微镜（MFM）、弹道电子发射显微镜（BEEM）、光子扫描隧道显微镜（PSTM）、扫描电容显微镜（SCAM）、扫描近场光学显微镜（SNOM）、扫描近场声显微镜、扫描近场热显微镜、扫描电化学显微镜等。这些显微技术都是利用探针与样品的不同相互作用来探测表面或界面在纳米尺度表现出的物理性质和化学性质。与 SEM 和 TEM 相比，SPM 不仅具有刻蚀和原子操作功能，在分辨率和工作环境等方面也具有一定的优势，如表 4-3 所示。

表4-3　扫描探针显微镜（SPM）与其他显微镜技术的比较

显微镜技术	工作环境	样品环境	温度	对样品破坏程度	检测深度
扫描探针显微镜（SPM）	原子级（0.1nm）	实际环境、大气、溶液、真空	室温或低温	无	100μm 量级
透射电镜（TEM）	点分辨（0.3～0.5nm）；晶格分辨（0.1～0.2nm）	高真空	室温	小	接近 SEM，但实际上为样品厚度所限，一般小于 100nm
扫描电镜（SEM）	6～10nm	高真空	室温	小	10mm（10 倍时）1μm（10 000 倍时）

4.2.3.2　原子力显微镜

原子力显微镜（atomic force microscope，AFM）利用探针探测针尖部位原子与样品表面原子相互作用力随着原子间距的变化引起的作用力和能量的变化（图 4-12）实现表面成像。

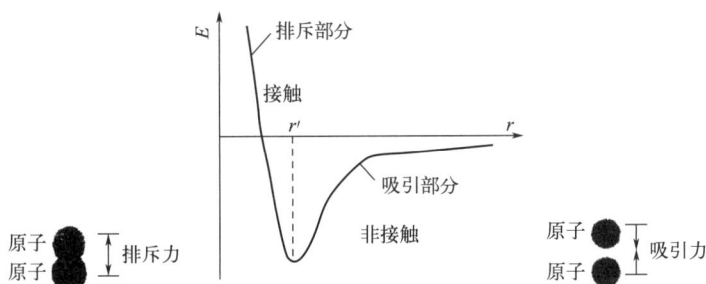

图 4-12　能量和作用力与原子间距的关系

依据图 4-12，AFM 运用悬臂末端锐利的针尖来扫描样品表面。工作原理如图 4-13 所示，当探针接近样品表面时，样品与针尖之间的短程吸引力吸引针尖向表面移动。然而，当表面和针尖直接接触时，排斥力将会增大并占主导作用，使悬臂向上弯曲。

激光束被用于检测悬臂是靠近还是远离表面。入射光束被悬臂平顶上表面反射到位敏光电二极管（PSPD）中，用来检测悬臂弯曲所导致的反射光束位置的轻微改变。当针尖通过凸起的表面形态形貌时，悬臂的弯曲和相应的反射激光束的变化都会被 PSPD 记录下来。AFM 通过运用悬臂对特定区域的扫描来完成样品表面形貌成像。位敏光电二极管检测样品表面高低起伏的形貌导致悬臂弯曲，通过反馈回路控制针尖在表面的高度来稳定激光位置，最终可以形成一幅精确的表面形貌像。

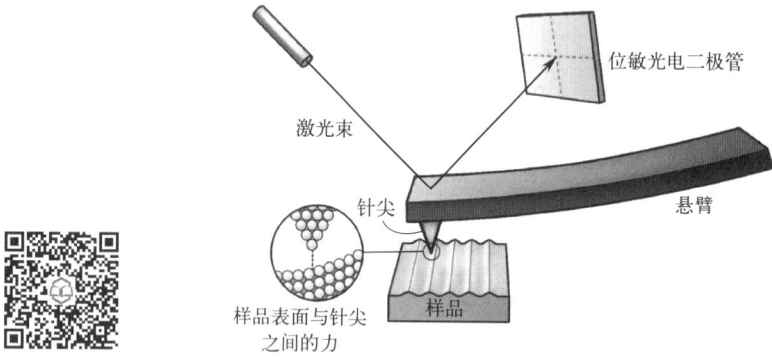

图 4-13　原子力显微镜原理

STM 利用隧穿电流研究表面形貌和表面电子结构特性，只能直接用于研究导体和半导体样品，不能直接用于观察和研究绝缘体样品和氧化层较厚的样品。因此，AFM 的应用范围比 STM 更广，可以在大气、超高真空、溶液和反应气氛等各种环境中进行。除了研究各种材料的表面结构外（图 4-14），AFM 还可以研究材料的力学性能、纳米压痕（图 4-15），以及表面微区摩擦性能，还可用于操纵分子和原子，刻蚀（纳米制造和结构加工，如图 3-1所示），进行纳米级结构处理和超高密度信息存储等。

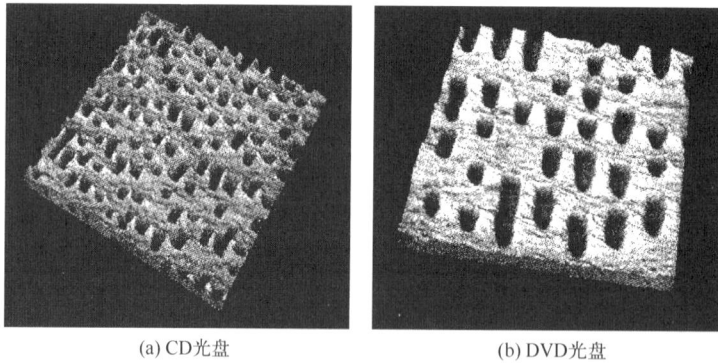

(a) CD光盘　　　　　　　　　(b) DVD光盘

图 4-14　CD 和 DVD 的 AFM 表面形貌图

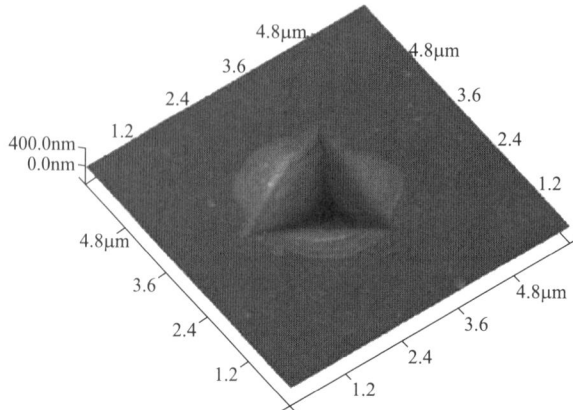

图 4-15　AFM 纳米压痕

根据 AFM 纳米压痕测试的结果，可以得到纳米尺度的材料硬度、弹性模量和塑性值。

思考题

1. 纳米材料为何需要改性？
2. 请阐述纳米材料的改性方法及机制。
3. 设计一种化学改性的方法，对一种纳米材料进行改性并阐述改性机制。
4. 纳米材料的主要表征方法有哪些？哪些是纳米材料的特有表征方法？
5. 扫描电子显微镜、透射电镜和扫描隧道显微镜的成像原理、性能和应用有何区别？
6. 扫描隧道显微镜的主要功能有哪些？为什么说它的发明对纳米材料科学和技术的发展具有重要的作用？
7. 扫描探针显微镜主要包括哪些？请阐述原子力显微镜在纳米材料表征中的作用和原理，并分析其优缺点。

参考文献

[1] Chen H, Hu L F, Chen M, et al. Nickel-cobalt layered double hydroxide nanosheets for high-performance supercapacitor electrode materials[J]. Advanced Functional Materials, 2014, 24(7): 934-942.

[2] Luo H, Wang B, Liu T, et al. Hierarchical design of hollow Co-Ni LDH nanocages strung by MnO_2 nanowire with enhanced pseudocapacitive properties[J]. Energy Storage Materials, 2019, 19: 370-378.

[3] Williams D B, Barry C C. Transmission Electron Microscopy: A Textbook for Materials Science. 3rd ed[M]. New York: Springer Science-Business Media, 2009.

[4] Wang X H, Huang F F, Rong F, et al. Unique MOF-derived hierarchical MnO_2 nanotubes@NiCo-LDH/CoS_2 nanocage materials as high performance supercapacitors[J]. Journal of Materials Chemistry A, 2019, 7(19): 12018-12028.

[5] Gu Y J, Wen W, Zheng S L, et al. Monocrystalline $FeMnO_3$ on carbon cloth for extremely high-areal-capacitance supercapacitors[J]. ACS Applied Energy Materials, 2020, 3(12): 11863-11872.

[6] Peng J, Chen B L, Wang Z C, et al. Surface coordination layer passivates oxidation of copper[J]. Nature, 2020, 586(7829): 390-394.

[7] Zhang J, Chen P C, Yuan B K, et al. Real-space identification of intermolecular bonding with atomic force microscopy[J]. Science, 2013, 342(6158): 611-614.

[8] 黄惠忠. 纳米材料分析[M]. 北京: 化学工业出版社, 2003.

[9] Guo G Z, Shen L Y, Li X L, et al. Tunable reduction degree of stacked lamellar rGO film for application in flexible all-solid-state supercapacitors[J]. Diamond and Related Materials, 2020, 106: 107845.

[10] Cosano D, Esquivel D, Romero F J, et al. Microwave-assisted synthesis of hybrid organo-layered double hydroxides containing cholate and deoxycholate[J]. Materials Chemistry and Physics, 2019, 225: 28-33.

[11] Ghidiu M, Lukatskaya M R, Zhao M Q, et al. Conductive two-dimensional titanium carbide 'clay' with high volumetric capacitance[J]. Nature, 2014, 516(7529): 78-81.

[12] 王中林. 纳米材料表征[M].曹茂盛, 李金刚, 译. 北京: 化学工业出版社, 2005.

[13] Hong Y L, Liu Z B, Wang L, et al. Chemical vapor deposition of layered two-dimensional $MoSi_2N_4$

materials[J]. Science, 2020, 369(6504): 670-674.

[14] Li C, Wu Y, Deng B C, et al. Synthesis of crystalline black phosphorus thin film on sapphire[J]. Advanced Materials, 2018, 30(6): 1703748.

[15] Zheng Y M, Liu Y Y, Guo X L, et al. S, Na Co-doped graphitic carbon nitride/reduced graphene oxide hollow mesoporous spheres for photoelectrochemical catalysis application[J]. ACS Applied Nano Materials, 2020, 3(8): 7982-7991.

[16] Zha D S, Sun H H, Fu Y S, et al. Acetate anion-intercalated nickel-cobalt layered double hydroxide nanosheets supported on Ni foam for high-performance supercapacitors with excellent long-term cycling stability[J]. Electrochimica Acta, 2017, 236: 18-27.

[17] Wu Q, Miao W S, Zhang Y D, et al. Mechanical properties of nanomaterials: A review[J]. Nanotechnology Reviews, 2020, 9(1): 259-273.

[18] Warzoha R J, Weigand R M, Fleischer A S. Temperature-dependent thermal properties of a paraffin phase change material embedded with herringbone style graphite nanofibers[J]. Applied Energy, 2015, 137: 716-725.

[19] 周莉, 臧树良. 钛酸酯偶联剂改性纳米 ZnO 制备 MC 尼龙 6/ZnO 复合材料[J].塑料科技. 2008, 36(6), 50-53.

[20] 杨统林, 赵中华, 肖建军, 等. 纳米材料的改性及其在涂料中的应用研究进展[J]. 化工新型材料. 2019, 47(5): 10-13.

[21] Shim M, Shi Kam N W, Chen R J, et al. Functionalization of carbon nanotubes for biocompatibility and biomolecular recognition[J]. Nano Letters, 2002, 2(4): 285-288.

[22] Liang Z, Chen D, Xu S, et al. Synergistic promotion of photoelectrochemical water splitting efficiency of TiO_2 nanorod arrays by doping and surface modification[J]. Journal of Materials Chemistry C, 2021, 9(36): 12263-12272.

[23] Zhang Y P, Ding C, Zhang N, et al. Surface modification of silica micro-powder by titanate coupling agent and its utilization in PVC based composite[J]. Construction and Building Materials, 2021, 307: 124933.

[24] Ran F, Wu J Y, Niu X Q, et al. A new approach for membrane modification based on electrochemically mediated living polymerization and self-assembly of N-tert-butyl amide- and β-cyclodextrin-involved macromolecules for blood purification[J]. Materials Science and Engineering: C, 2019, 95: 122-133.

第 **5** 章

纳米材料的典型应用及原理

5.1 纳米材料应用概述

经过几十年的研发，纳米材料已经从实验室走向市场，应用到我们的日常生活、工业、农业、医疗、电子信息、环保、储能、催化和军事等各个领域。以纳米碳家族为例，富勒烯因具有超导、强磁性、耐高压、抗化学腐蚀等优异的性质而被广泛用于超导材料、光电导材料、化妆品、生物医学等领域，如图 5-1 所示。

图 5-1　富勒烯的特性应用示例

碳纳米管因其优异的力学、导电和传热等性能而被应用于透明导电薄膜、超级电容器、催化剂载体、未来太空电梯缆绳、扫描探针显微镜探针等，如图 5-2 所示。

(a)

(b)

(c)

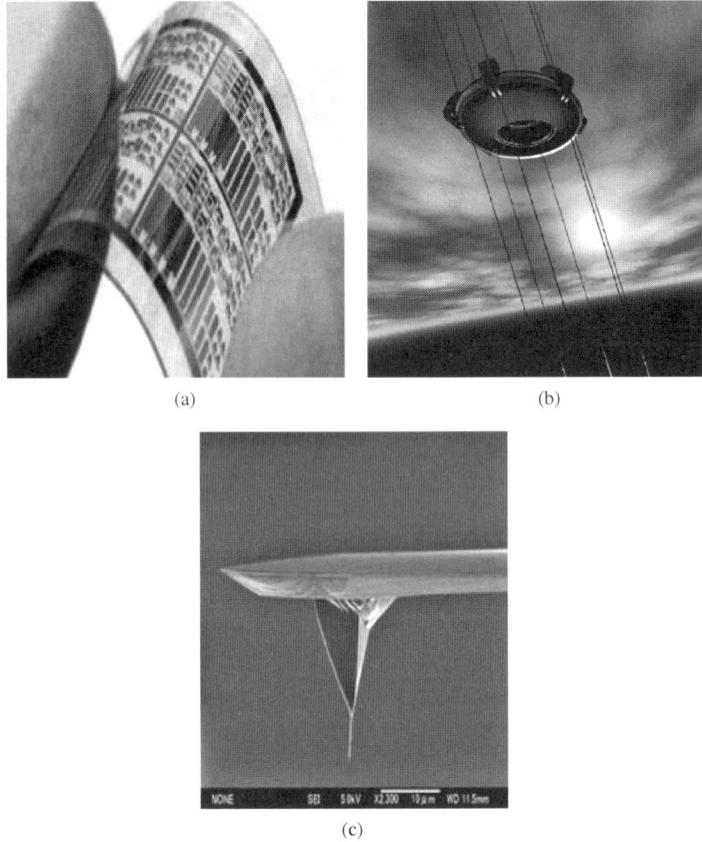

图 5-2　碳纳米管在透明导电电极（a）、未来太空电梯缆绳（b）和扫描探针
显微镜探针（c）的应用示例

石墨烯因其优异的综合性能，应用领域更加广阔，如图 5-3 所示。

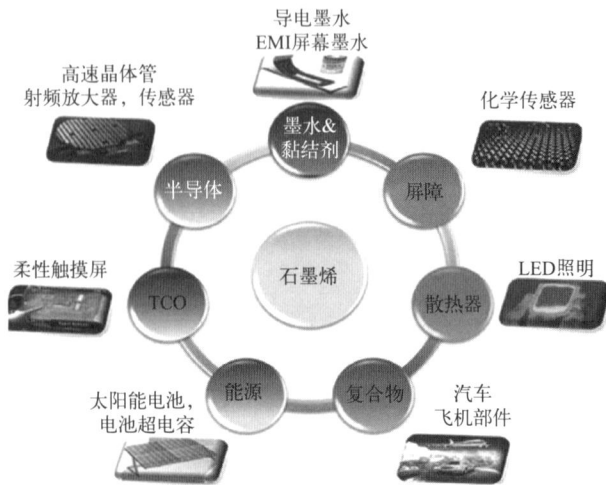

图 5-3　石墨烯的应用示例

另外，利用石墨烯的优异热学特性，人们也开发了众多的应用产品，如图 5-4 所示。

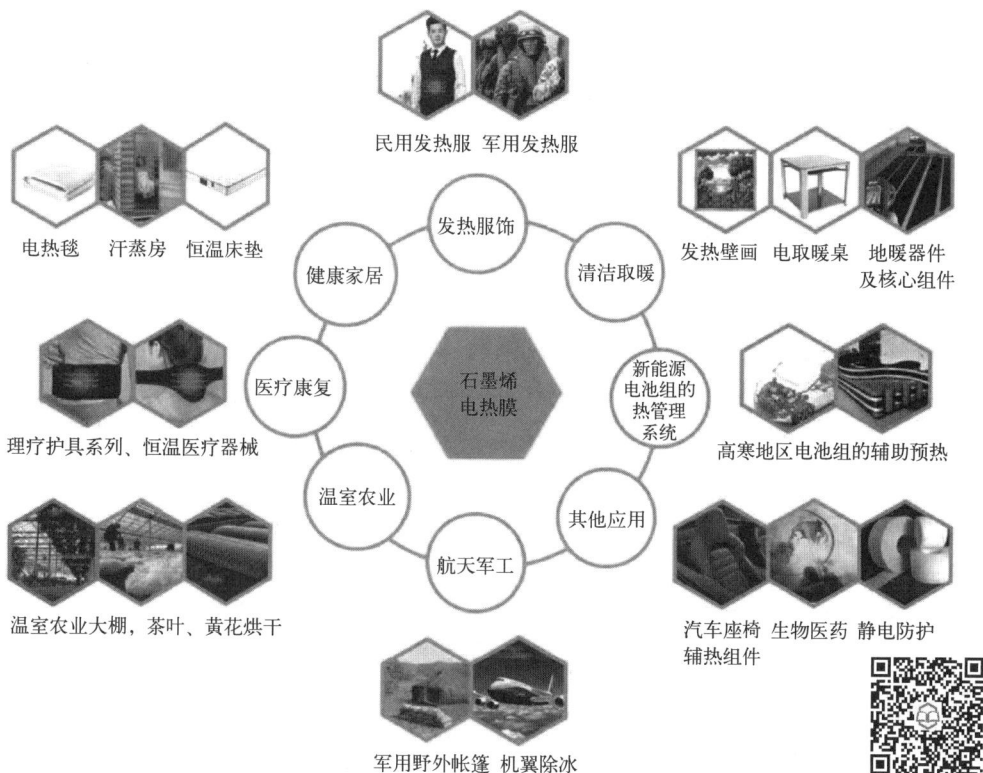

图 5-4　石墨烯电热膜的应用示例

下面重点介绍纳米材料在能源转化与存储、生物医药和电子印刷方面的应用。

5.2　纳米材料在能源转化与储存中的应用

5.2.1　太阳能电池

光伏太阳能电池通过光电效应从太阳辐射中发电，即光子被转化为电流。目前，光伏市场是以硅片为基础的太阳能电池（150～300nm 的晶体制成的厚电池）。这种技术被归类为第一代光伏电池，占全球太阳能电池市场的 86% 以上。第二代光伏材料则是在其基础上引入半导体材料的薄膜层（1～2nm）。人们使用半导体的外延沉积技术在晶格匹配的晶圆上生长半导体外延薄层。目前这些电池占大约 90% 的市场份额，尽管制造成本降低，但它涉及的能量转换效率依然不高。在光伏电池中加入纳米级元件是一种提高能量转换效率的方法。首先，调节纳米材料的尺寸是控制半导体材料带隙的理想手段，可灵活调控的带隙增加了纳米材料在光伏技术中应用的灵活性。其次，纳米材料的多维结构增强了有效的光吸收，并且大大降低了光生电荷重组的概率。

（1）染料敏化太阳能电池

染料敏化太阳能电池中染料敏化的胶体二氧化钛薄膜被夹在一个作为阳极的透明电极和一个作为催化剂的铂金电极之间。电解液被置于薄膜和铂金电极之间用于传输电荷。在这种电池中，大部分的光吸收发生在染料分子中，产生的电子被注入半导体的传导带，电荷分离发生在二氧化钛和染料分子的界面上。二氧化碳纳米颗粒的高表面积，导致光生电荷的分离与利用变得十分有效。此外，采用纳米管、光子晶体或光子海绵代替纳米颗粒，可进一步提高染料敏化纳米晶体太阳能电池的效率。

（2）等离子太阳能电池

金属纳米粒子光学特性中使用最广泛的是光学等离子体共振。以导带电子为整体的局部振荡被称为离域等离子共振（SPR）。局域表面等离子共振是指当光线入射到由贵金属构成的纳米颗粒上时，如果入射光子频率与贵金属纳米颗粒或金属传导电子的整体振动频率相匹配，纳米颗粒或金属会对光子能量产生很强的吸收、散射作用，就会发生局域表面等离子体共振（localized surface plasmon resonance，LSPR）的现象，这时会在光谱上出现一个强的共振吸收峰。这种效应可以有效地将光捕获并转化，帮助半导体吸光，可用在太阳能电池吸光层，并最终提高这种"等离子体太阳能电池"的功率转换效率。纳米级金属结构中的等离子共振由多种因素决定，例如纳米颗粒的大小、形状和介电特性，以及其环境的特性，可以通过设计使其服务于光学器件，例如，新型太阳能电池以及基于光学的生物或化学传感器。

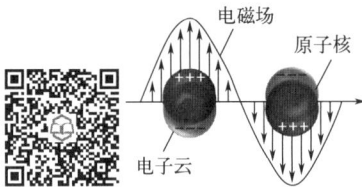

图 5-5　球形金属纳米颗粒的电子在等离子体共振情况下相对于原子核的位移

等离子体共振的定性解释可以在最简单的球形金属纳米颗粒的情况下呈现，如图 5-5 所示。当一个小的球形金属纳米粒子被光照射时，费米能级附近导带上的自由电子在电磁场的作用下相对于原子核发生位移，配合电子和原子核之间的库仑吸引力相互作用，引发电子云相对于原子核发生振荡。共振状态下电磁场的能量被有效转化为金属自由电子的集体振动。金属纳米颗粒表面的等离子体共振将会被局限在纳米颗粒表面。共振增强极化会伴随着金属纳米颗粒对光的散射和吸收效率增强。

等离子体太阳能电池使用纳米粒子对光的散射来增强基地对光的吸收，当表面等离子体共振发生时，金属纳米颗粒散射面积远大于其几何面积。例如，在银纳米颗粒的表面等离子体共振下，散射截面约为纳米颗粒横截面的 10 倍。散射光以一定的倾角在半导体中传播，有效地增加了光程。纳米粒子的目标是将光捕获在基底半导体材料的表面上。正确选择等离子体金属纳米粒子对于活性层中的最大光吸收是至关重要的。纳米颗粒 Ag 和 Au 是使用最广泛的材料，它们的表面等离子共振位于可见光范围内，因此与太阳峰值强度相互作用更强烈。然而，贵金属纳米颗粒由于其高成本和地壳的稀缺性而在大规模太阳能电池制造中实施是不切实际的。最近，低成本和储量丰富的金属纳米粒子（Al）被证明能够胜过广泛使用的 Ag 和 Au 纳米粒子。Al 纳米颗粒的表面等离子体共振位于 300nm，处于太阳光谱边缘以下的 UV 区域，可以在较短波长范围内引入额外的增强。

（3）量子点太阳能电池（QDSSCs）

将 QD 作为敏化剂，通过组合几种类型的 QD 来利用紫外、红外线（IR）光谱区域，可以实现整个太阳能的光吸收。此外，直接带隙半导体提供更强的吸收系数，量子点可以吸收单个入射光子产生多个电子空穴对，从而导致最大理论转换效率高达 44%。因此，QDSSCs 被认为是第三代 SCs 中有希望的候选者。其机理是基于纳米材料 QD 的量子限域效应（量子尺寸效应），即半导体材料或金属的尺寸降低到纳米尺寸时，特别是小于或者等于该材料的激子玻尔半径时，由大块金属中的能级组成的接近连续的能带此时转化为离散的能级，因此对于半导体材料来说，可以通过改变颗粒的尺度来调整其带隙的大小，从而改变了对某些成本很高的半导体材料的依赖。由于离散的能带结构和量子阱现象的结合，半导体 QD 表现出独特的光学特性。量子点的行为类似于三维量子阱。通过吸收光子在 QD 中产生的电子被限制在一个能量阱中。QD 具有离散的态密度，带间隙与 QD 的大小成反比，如图 5-6 所示。尺寸减小，电子激发蓝移，振荡强度集中在少数几个跃迁能级中。

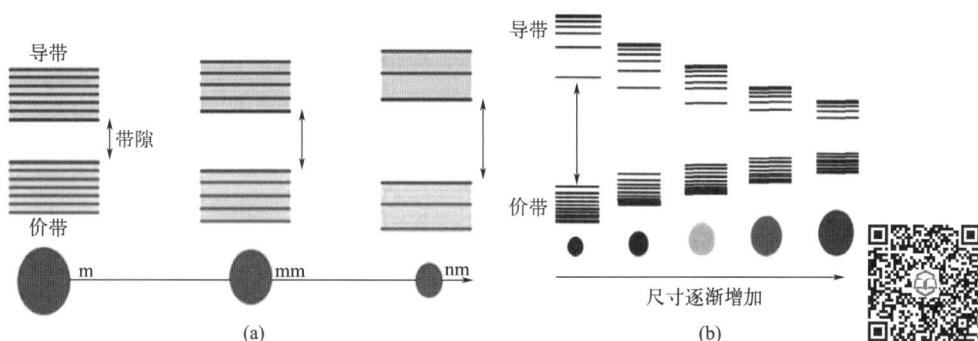

图 5-6　半导体的禁带宽度随量子点尺寸变化

量子点的尺寸越小，其光生电子和空穴受量子限域效应的影响越大，进而增加其能级带隙。具体表现为量子点吸收和发射光子的能量随量子点尺寸的减小而增大，吸收光谱和荧光光谱峰位置逐渐蓝移。

5.2.2　锂离子电池

可充电锂电池彻底改变了便携式电子设备，由于其卓越的能量密度（能够存储单位重量或体积的能量是传统的可充电电池的 3 倍），已经成为手机、数码相机、笔记本电脑等日用产品的主力电源以及动力电动汽车减少运输产生的二氧化碳排放量的不二选择。锂离子电池是一种可充电二次电池，主要由正极、负极、电解液、隔膜和集流体等 5 部分组成。正负极材料主要功能是使锂离子较自由地脱出/嵌入，从而实现充放电功能。工作原理如图 5-7 所示，充电过程中，锂离子从正极材料（$LiCoO_2$）中脱出，经过电解液嵌入对应的负极材料（石墨）中，同时电子从正极流出经过外电路流向负极；锂电池放电时，锂离子从负极脱出，经过电解液重新嵌入正极材料中，同时电子经过外电路从负极流向正极。

第一代锂离子电池由含有毫米大小的粉末颗粒组成电极，电解质被束缚在聚丙烯隔板的毫米尺寸的孔中。虽然该电池具有高能量密度，但它是一种低功耗设备，充电/放电缓慢。这是由锂离子较低的固态扩散速率限制的，这不可避免地限制了嵌入/脱嵌的速率和电荷的储存/释放。然而，为了满足混合动力电动汽车未来在清洁能源存储上的需求，锂离子电池的充电/放电率需要增加超过一个数量级。纳米材料对锂离子电池的性能提升具有重大影响，因为它们尺寸的减少可以实现更高的嵌入/脱嵌率和更高的功率。在新一代高容量电池中，锂离子在充放电过程中的嵌入和脱嵌会引发体积的大幅变化。经过多次充放电循环后会使活性颗粒和电极材料开裂甚至破碎，造成容量降低，乃至电池失效，大大缩短了电池的使用寿命。纳米材料的优势在于，其较小的尺寸使大部分原子处于材料颗粒的表面，可以有效抵抗膨胀收缩带来的力学上的破坏。电池充放电速率对于颗粒的开裂和破碎影响重大，充放电速率越快，产生的应力就越大。高容量电极材料有一个基本参数，被称为临界破碎尺寸。这个参数值取决于材料的反应类型、力学性能、结晶度、密度、形貌以及体积膨胀率等一系列参数。当颗粒尺寸小于这个临界尺寸时，锂化反应引起的应力就能得到有效控制，从而缓解颗粒的开裂和破碎。

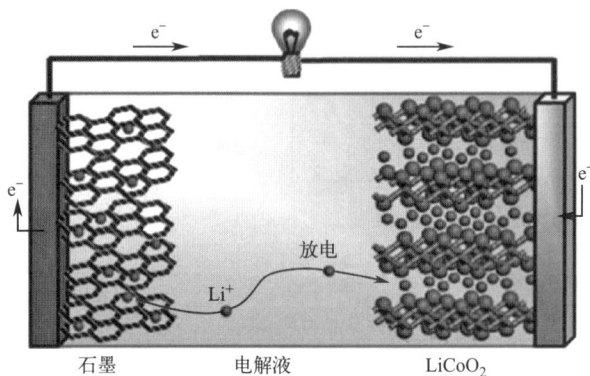

图 5-7　锂离子电池结构实例

纳米材料在锂离子电池中的有益作用如下。

纳米材料使电极反应可以承受微米颗粒无法承受的结构变化。例如，可逆的锂嵌入介孔β-MnO_2而不破坏其金红石的结构。

减少的尺寸显著提高了锂的嵌入/脱出速率，因为颗粒内的锂离子迁移到表面的距离变得很短。

高比表面积允许电极材料和电解液之间更大的接触面积，因此电极/电解液界面上有很高的锂离子通量。

锂电池负极材料占比锂电池总成本的 25%～28%。较为理想的负极材料最具备如下特性：化学电位较低，与正极材料形成的电势差较大；循环比容量较高。目前不同纳米结构材料包括石墨纳米颗粒、碳纳米管、石墨烯纳米颗粒和硅纳米线等已被用于锂离子电池负极材料中。

5.2.3　超级电容器

超级电容器是介于传统电容器和电池之间的储能电源，主要通过双电层和氧化还原反应来存储电能。其主要的反应机制由超级电容器的电极材料所决定。根据电极材料的不同可分为双电层电容器（EDLCs）和赝电容器。在双电层电容器中，电量是以静电荷的形式存储的，在该型电容器中电极材料和电解质之间不发生电荷的转移。因此，双电层电容器具有高度的循环可逆性和稳定性，其电极主要采用具有高比表面积、化学稳定性良好和高导电性的碳纳米材料，如活性炭（active carbon）、碳纳米管（carbon nanotube）、石墨烯（graphene）等。虽然这些碳材料具有良好的循环稳定性和耐用性，但是以该类型材料为电极的电容器比容量较低，能量密度不高，为了增加超级电容器的比容量，研究者们开发了具有高比容量的赝电容器电极材料，如 RuO_2 等，这些电极材料的储能机制与双电层是不同的，电荷存储主要是通过电沉积、氧化还原反应以及嵌入与脱出机制完成，具有比双电层电容材料更高的比容量和更高的能量密度。赝电容的产生与电解质与电极材料之间电子电荷转移有关，这种电荷转移是由去溶剂化和吸附离子引起的，而吸附的离子不与材料的原子发生反应，仅发生电荷转移。电极材料表面离子的化学亲和力以及孔径结构和尺寸对材料的赝电容性能起到重要的作用。因此一些传统的电池型电极材料，在通过一定的制备与改性达到纳米化之后，也可以表现出相应的赝电容电化学性能，成为性能优异的赝电容材料。比较具有代表性的赝电容电极材料有 IrO_2、RuO_2、Fe_3O_4、MnO_2、NiO、V_2O_5、Co_3O_4 等过渡金属氧化物及其硫化物以及如聚苯胺（PANI）、聚噻吩、聚吡咯（PPy）等的导电高分子化合物。

以石墨烯为例，它是一种具有高比表面积、高导电性的二维碳材料，其二维结构增强了充放电过程，电荷载流子可以快速进出电极的深孔，从而提高功率，是用作超级电容器电极材料的理想材料。图 5-8 为利用氧化石墨烯（GO）和还原石墨烯（rGO）材料制备的超级电容器器件，该 rGO/GO/rGO 超级电容器器件可以在 1.2V 电压下工作，且组装成的非对称电容器比电容可以达到 185F/g。将未堆叠的卷曲石墨烯纳米片用作电极材料并组装超级电容器，该纳米片形成的中孔结构可以被离子电解液充分地浸润，工作电压可增至 4V，组装后的超级电容器的在高功率密度下，能量密度高达 85.6W·h/kg。

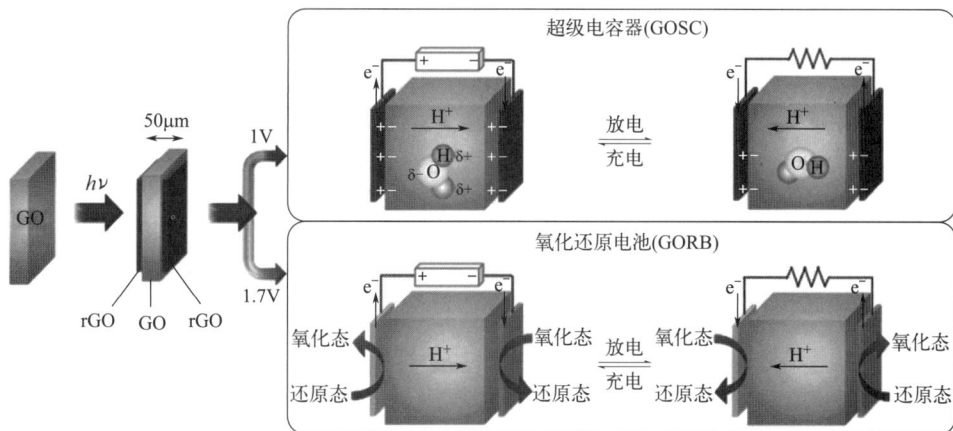

图 5-8　rGO/GO/rGO 超级电容器器件

另外，研究者们还制备出了超薄层状的纳米 Co_3O_4 电极材料，该电极材料由于具有高比表面积、孔体积和均匀的孔径分布而表现出优异的电化学性能。充放电测试表明，该材料能够在 8A/g 的电流密度下提供 548F/g 的高比电容，在 16A/g 的高电流

密度下连续充电 2000 次后容量保留率为 98.5%,优异的纳米孔结构和电化学稳定性保障了高性能超级电容器的应用。

超级电容器电极材料的比表面积、孔径分布、结构/形态、成分等结构因素对电化学性能影响很大。开发和生长超薄结构和纳米级活性材料,能够为离子和电子提供快速的传输路径和通道。通过将电极材料纳米化可以有效地提升电极材料的比表面积和增加大量的表面活性位点,进而进一步提升超级电容器电极材料的性能。制备复合型的纳米材料可以有效地改善电极材料的电子结构和表面性质,通过复合结构和形貌工程提高纯活性材料的比电容是当前研究的热点。开发新型纳米电极材料以在不损失功率密度的前提下提升能量密度和循环稳定性是当前超级电容器研究的难点,仍需科研工作者做出更大的努力。

5.3　纳米材料在生物医药中的应用

纳米材料可实现靶向药物运输和可控释放,特别是在癌症治疗上的广阔前景,这很大程度上归因于其在载药、治疗、体外诊断、活体检测和造影成像方面的优势。目前,一些治疗性纳米颗粒如脂质体、白蛋白和聚合物胶束已被批准用于癌症治疗。许多其他纳米技术支持的治疗方式正在临床研究中,包括化学疗法、热疗、放射疗法、基因或 RNA 干扰(RNAi)疗法和免疫疗法等。

5.3.1　二维纳米材料的生物传感与药物运输

纳米材料的性质高度多样化,例如它们的力学、化学、光学特性,以及尺寸,形状、生物相容性和降解性。这些不同的属性使得纳米材料适用范围广阔,包括药物输送、成像、组织工程和生物传感器等。其中,二维纳米材料的低维纳米结构赋予了它们一些特殊的特性,被用于药物输送系统,它们可以吸附大量的药物分子,并且可以实现对药物释放动力学的精确控制。此外,二维纳米材料特殊的表面积与体积比,通常有助于改善以它为基础的一系列生物医学纳米复合材料的力学性能。并有助于其在生物传感和基因测序方面的应用拓展。此外,超薄的二维纳米材料使其能够对光等外部信号做出快速反应,用于各种光学疗法,如成像应用、光热疗法(PTT)和光动力疗法(PDT)等。尽管二维纳米材料在医学领域的发展速度很快,但这些材料必须仔细评估其生物相容性,以便其在生物医学方面更好的应用。

例如,石墨烯是最具代表性的二维纳米材料,其在组织工程中的广泛应用得益于其前所未有的机械强度、导电性、生物相容性和导热性。石墨烯通常被部分氧化成氧化石墨烯(GO)以增加其亲水性,但这种修改是以牺牲电导率为代价的。还原氧化石墨烯(rGO)可以很容易从 GO 中大量生产,由于成本较低,可替代纯石墨烯,但它依然具有结构缺陷而导致性能较差。

基于石墨烯的生物材料在组织工程领域有光明的前途。例如,以聚 N-异丙基丙烯酰胺(PNIPAM)和石墨烯为母体的具有高度互连的纳米复合气凝胶与不含石墨烯的 PNIPAM

相比，石墨烯气凝胶的弹性模量高出一个数量级。石墨烯的加入显著改善材料的导电性和热响应特性。这种效果主要归因于石墨烯气凝胶确保了石墨烯片之间的高度连接性。石墨烯能够在不影响细胞相容性的情况下提高水凝胶支架的刚度、增加机械强度，加速细胞的黏附、增殖和分化，促使干细胞（hMSCs）转变为成骨细胞；在成骨培养基存在的情况下，石墨烯涂层可增强 hMSCs 的分化，石墨烯促进 hMSCs 分化的能力归因于它对蛋白质和生物活性分子的吸附能力，如地塞米松和 β-甘油磷酸酯等；石墨烯泡沫结构可被设计成骨分化的 3D 多孔支架用于骨再生；在生物可吸收的基材上打印石墨烯生物传感器并将其转移到牙齿表面。

5.3.2　肿瘤治疗

（1）纳米颗粒靶向治疗

常见控制肿瘤的方法分为以下几种：手术、放疗、化疗、靶向治疗、免疫疗法、中医药疗法。其中靶向治疗又称"分子靶向药物治疗"，是在细胞分子水平上，瞄准癌细胞上的分子靶点，来设计相应的治疗药物，药物进入体内会特异性地选择致癌位点来结合发生作用，使肿瘤细胞特异性死亡，而不会波及肿瘤周围的正常组织细胞，所以分子靶向治疗又被称为"生物导弹"。这种靶点仅存在于肿瘤细胞，是在分子水平对癌细胞的生存繁衍起重要作用的特定的蛋白分子、基因或通路。靶向治疗方法精准而温和，具有高效（针对性强）、低毒（副作用少）、方便（口服给药）等优点。

大多数治疗实体肿瘤的纳米颗粒都是全身给药的，它们通过高通透性和滞留效应（EPR）在肿瘤中富集。肿瘤细胞为了能够快速地生长，需要更多的养料和氧气，故会分泌血管内皮生长因子等与肿瘤血管生成有关的生长因子。特别是当肿瘤达到 150～200μm 大小时，会高度依赖于肿瘤血管的养料和氧气供应。此时新生成的肿瘤血管在结构与形态上与正常的血管有很大的不同。其内皮细胞间隙较大，缺少血管壁平滑肌层，血管紧张素受体功能缺失。另外，肿瘤组织也缺少淋巴管致使淋巴液回流受阻。这两者造成了大分子物质可以方便地穿过血管壁在肿瘤组织中富集，且不被淋巴液回流带走而能长期存于肿瘤组织，故称为实体瘤的"高渗透长滞留效应"（EPR）。EPR 被认为是肿瘤血管渗漏和淋巴引流差的结果，但是在纳米颗粒的全身输运过程中很多的生物过程会影响 EPR，如纳米颗粒-蛋白质相互作用、血液循环、纳米颗粒渗入并且与血管周围的肿瘤微环境（TME）作用、肿瘤穿透以及细胞内化。反过来，纳米颗粒的性质（如尺寸、性质、表面特征、孔隙率、成分和靶向配体）也会影响这些生物过程，从而影响 EPR 和治疗效果。

（2）纳米颗粒药物运输、成像与可控释放

目前大部分的纳米治疗药剂是通过静脉注射再经全身递送到达肿瘤的。纳米颗粒在肿瘤的优先富集经常被归功于肿瘤中有缺陷的血管和受损的淋巴：畸形的肿瘤微血管增强了可渗透性从而使纳米颗粒能够进入肿瘤的间隙，而受到抑制的淋巴引流则使纳米颗粒能够滞留在组织中。EPR 是纳米颗粒运输到实体肿瘤的基础。

当纳米颗粒进入生物环境中（如血液、细胞间体液和细胞外基质），它们的表面会迅速被生物分子覆盖（主要是蛋白质），形成"冠冕"。吸附的蛋白质改变了颗粒的尺寸、稳定

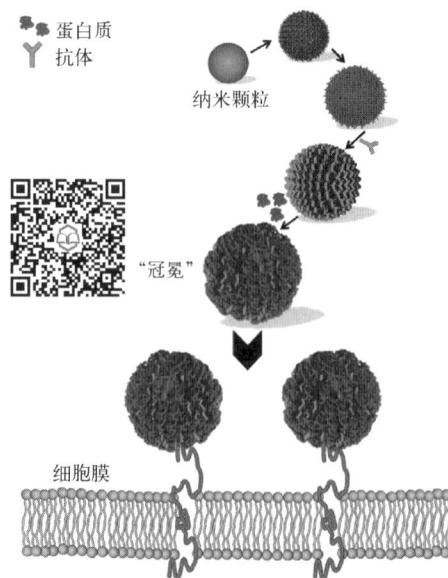

图 5-9 吸附蛋白质的纳米粒子对
癌细胞的靶向给药

性和表面性质，更重要的是为纳米颗粒提供了一个决定其所能引起的生物响应的生物身份（包括细胞摄取、胞内输运、药物动力学、生物分布和毒性）。图 5-9 为吸附蛋白质的纳米粒子对癌细胞的靶向给药示意图。构建靶向诊疗一体化纳米平台的常用载体主要包括：脂质载体，如脂质体纳米粒子；聚合物载体，如高分子树枝状分子、胶束、聚合物囊泡、嵌段共聚物、蛋白类纳米粒子；无机载体，如硅基纳米粒子、碳基纳米粒子、磁性纳米粒子、金属类纳米粒子以及上转换纳米材料等。在纳米载体的选择上一般遵循以下原则：①具有较高的载药率和可控缓释特性；②生物毒性较低，不会产生基体免疫反应；③具有较好的胶体稳定性和生理稳定性；④制备简单，容易规模化生产，成本低。

对肿瘤有效精准治疗是诊疗一体化技术的最终目的。利用诊疗一体化纳米平台可以实现药物的靶向递送和可控缓释，显著改善肿瘤的治疗效果，降低毒副作用。纳米载体表面修饰化疗药物、基因、光敏分子等不同的功能性分子，同时结合纳米材料本身具有的特殊性质可将其用于化疗、基因治疗、光热治疗、光动力治疗、放射性治疗、免疫治疗、多种治疗方式联合治疗以及成像指导下的可视化治疗。其中，影像介导的可视化治疗由于其可以追踪药物动力学过程和释放、纳米药物的分布和代谢，已经成为肿瘤治疗的研究热点。

纳米生物影像可分为光学成像、核磁共振成像、声学成像、PET 成像、CT 成像，以及多模式成像等。例如，用放射性同位素（如 ^{111}In、^{99}mTc、^{123}I 和 ^{64}Cu）标记的治疗纳米颗粒也被用来监控纳米颗粒的生物分布和肿瘤富集，使用的成像方法就包括单光子发射计算机断层扫描（SPECT）、计算机断层扫描（CT）、正电子成像技术（PET）。图 5-10 为 ^{195}Pt 在结肠癌细胞中的亚细胞分布的纳米成像。某些疾病往往无法通过单一的成像方式进行准确可靠的诊断。不同成像方式都有一定的优缺点，将不同类型的成像技术进行融合，从而获得关于肿瘤的性质、大小、位置及边界等更为详细的诊断信息，为肿瘤的诊断和治疗指导及效果评估带来更多的帮助。尽管在治疗纳米颗粒中加入造影剂也能够用来研究肿瘤异质性和 EPR，这些纳米颗粒在设计、合成、规模化、监管方面的复杂性会增加。

全身给药的纳米颗粒在循环过程中会逐渐释放其中的药物，经过长期循环后纳米颗粒的载药量会降低。因此实现最优的治疗效果需要同时考虑药物释放、纳米颗粒的药物动力学、纳米颗粒的渗透。为了精确控制药物的释放，发展了一系列刺激响应的纳米颗粒，这些纳米颗粒通常会对与血管周围的肿瘤微环境（TME）和肿瘤细胞相关的细微改变（如 pH、氧化还原状态、温度、酶）敏感，或者能被外部刺激（如光、热、磁场、超声波）激活而释放药物。在某种程度上，外部刺激能在时间和空间上控制药物的释放。例如，研究人员利用自组装合成了具有较高光热转化效率以及高效封装和控释能力的纳米材料 CPCI-NP，负载阿霉素的 CPCI-NP 可作为一种高效的光热/化疗联合治疗试剂用于治疗原位异种移植口腔癌。更加新型的刺激响应纳米材料包括 pH 或氧化还原敏感的聚合物纳米颗粒、超声波响应的嫁接聚合物的二氧化硅纳米颗粒、近红外光响应的氧化石墨烯纳米片等。

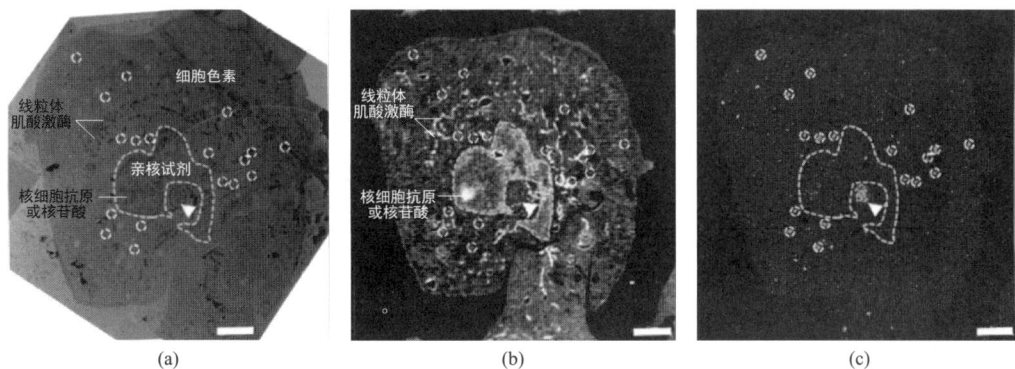

图 5-10　^{195}Pt 在 SW480 结肠癌细胞中的亚细胞分布
（a）TEM 测量图像；（b）$^{12}C^{14}N$-二次离子图，指示相对氮分布；
（c）显示中心原子分布的 ^{195}Pt-二次离子图

　　纳米材料和生物诊断技术的结合可以有效地帮助疾病的诊断和预防。纳米医学技术可以为临床医学和基础医学的进一步发展做出积极贡献。人们对纳米生物相互作用、纳米颗粒系统输运到肿瘤细胞机制、纳米颗粒靶向肿瘤微环境的全面了解有利于实现更安全高效的纳米医疗。同时解决纳米颗粒在合成中遇到的可控、可重复、可规模化等难题，以及对纳米颗粒进行筛选和评估，都将有利于临床发展。

5.4　纳米材料在电子印刷中的应用

　　（1）电子印刷技术

　　电子印刷技术分为两种类型：基于液滴的和基于能量束的直接写入技术。

　　基于液滴的直接写入技术包括喷墨打印和气溶胶打印。其中，喷墨打印代表了最成熟的直写技术。基于能量束的直接写入是激光或离子束诱导的材料转移到衬底上，而不使用掩模或光刻。

　　① 喷墨打印　喷墨打印的原理是通过喷墨打印推动墨水形成从喷嘴喷出的离散液滴。喷墨打印系统使用的喷嘴类型是压电型或热喷嘴。

　　当使用压电打印头时（图 5-11），打印过程依赖于压电材料的变形。响应于电压脉冲，材料产生从喷嘴喷射液滴所需的压力。其中压电打印头的工作原理是：当有电压脉冲作用时，压电材料发生形变然后产生压力使液滴从喷嘴喷射出去。

　　热喷嘴（图 5-12）的工作原理是通过连接到喷嘴的墨水腔中的小欧姆加热元件快速瞬

时加热墨水。由于喷嘴内部和外部之间的压力差，加热会导致短暂的蒸汽气泡，从喷嘴喷出一股墨水。气泡破裂，从储墨器中吸出墨水重新填充空腔，过程继续进行。

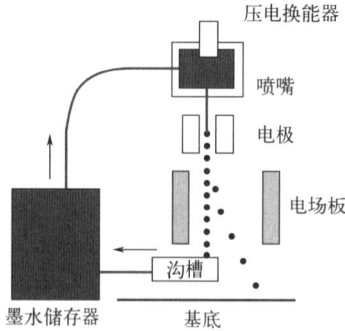

图 5-11　压电打印头法

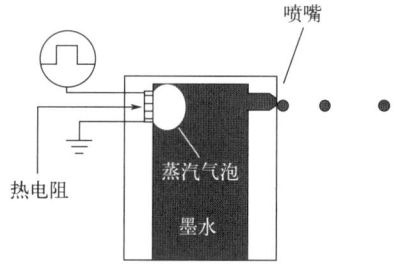

图 5-12　热喷嘴法

② 气溶胶印刷　气雾印刷（图 5-13）依靠一种类似驱动力的气体，提供将材料沉积到基底上所需的动能。

通过雾化器将墨水雾化成密集的微滴气溶胶；雾化液滴被氮气搭载携带到打印头，在打印头内，气溶胶被鞘气流以空气动力学方式聚焦，以便可靠地转移到基底上。其中，雾化技术可以是气动或超声波。

③ 基于能量束的直接写入技术　基于能量束的直接写入技术可将溶液中的透明粒子转移到最大光强区域（图 5-14）。该技术利用了非均匀激光束内粒子的不平衡动量，将它们推向激光场的更高能量集中。使用紧密聚焦的束形成扫描离子探针，其位置和时间由图案发生器控制。在大多数情况下，镓是理想的离子束源。在此过程中，前驱体气体被喷射到衬底表面。

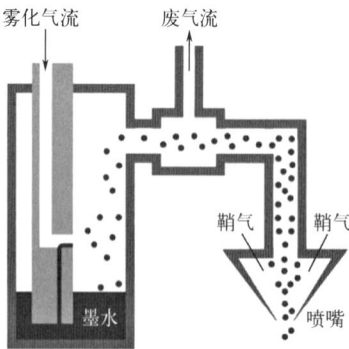

图 5-13　气雾印刷

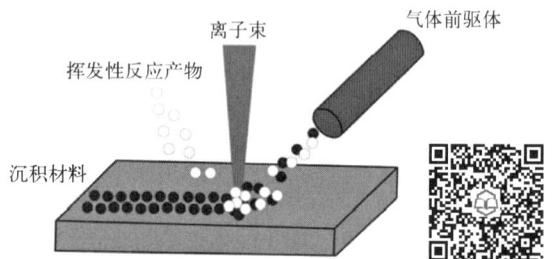

图 5-14　激光无接触捕获和转移直接写入技术

(2) 金属油墨配方

金属油墨可分为两大类：金属有机前驱体配方，即金属有机分解（MOD）油墨和纳米颗粒（NP）配方。金属油墨通常由分散或溶解的金属基组分组成，在液体载体（溶剂）中，它通常决定了油墨的基本特性，如黏度、表面张力和润湿性。油墨中通常会加入树脂黏合剂以提高膜的附着力。

　　目前，大多数商用金属墨水都是基于纳米粒子（NP）的。由于 NP 聚集和/或沉淀的可能性很高，油墨由分散在溶剂中的金属 NP 和额外的胶体稳定剂组成。与 MOD 油墨相比，NP 油墨通常具有更高的负载重量，但 NP 的聚集和/或沉淀可以显著降低负载重量和喷嘴堵塞。稳定剂通常是合成的，需要更高的温度才能去除。

　　（3）后处理

　　在印刷电子产品中，导电痕迹通常是由分散在溶剂中的银纳米颗粒印刷油墨产生的。所以通常需要一个烧结过程，通过去除有机分散剂，并允许纳米颗粒之间的金属-金属接触，以实现原子扩散和颈部形成，从而使印刷油墨具有导电性。纳米银墨水在高温烘箱中烧结具有挑战性。在达到理想导电性的同时，避免热损伤塑料基板。

思考题

　　1. 如何根据纳米材料的性能设计其应用？

　　2. 纳米材料可应用于哪些储能器件？其原理是什么？

　　3. 举例说明纳米材料在日常生活中的应用并阐述其原理。

　　4. 阐述纳米材料在生物医药中有哪些主要应用及其原理。

　　5. 阐述纳米材料在信息工程中有哪些主要应用及其原理。

　　6. 根据纳米材料应用的实例，谈谈你对纳米材料及其应用前景的看法。

参考文献

[1] Satyanarayana K G, Mariano A B, Vargas J V C. A review on microalgae, a versatile source for sustainable energy and materials[J]. International Journal of Energy Research, 2011, 35(4): 291-311.

[2] Demirbas A. Global renewable energy projections[J]. Energy Sources, Part B: Economics, Planning, and Policy, 2009, 4(2): 212-224.

[3] Sahaym U, Norton M G. Advances in the application of nanotechnology in enabling a 'hydrogen economy'[J]. Journal of Materials Science, 2008, 43(16): 5395-5429.

[4] Lund H. Renewable energy strategies for sustainable development[J]. Energy, 2007, 32(6): 912-919.

[5] Muhammad B, Khan M K, Khan M I, et al. Impact of foreign direct investment, natural resources, renewable energy consumption, and economic growth on environmental degradation: Evidence from BRICS, developing, developed and global countries[J]. Environmental Science and Pollution Research International, 2021, 28(17): 21789-21798.

[6] Dobrotkova Z, Surana K, Audinet P. The price of solar energy: Comparing competitive auctions for utility-scale solar PV in developing countries[J]. Energy Policy, 2018, 118: 133-148.

[7] O'Regan B, Grätzel M. A low-cost, high-efficiency solar cell based on dye-sensitized colloidal TiO_2 films[J]. Nature, 1991, 353(6346): 737-740.

[8] Knight J C. Photonic crystal fibres[J]. Nature, 2003, 424(6950): 847-851.

[9] Russell P. Photonic crystal fibers[J]. Science, 2003, 299(5605): 358-362.

[10] Cui Y, Lieber C M. Functional nanoscale electronic devices assembled using silicon nanowire building

blocks[J]. Science, 2001, 291(5505): 851-853.

[11] Goldberger J, Hochbaum A I, Fan R, et al. Silicon vertically integrated nanowire field effect transistors[J]. Nano Letters, 2006, 6(5): 973-977.

[12] Wang Q, Li J J, Ma Y J, et al. Field emission properties of carbon coated Si nanocone arrays on porous silicon[J]. Nanotechnology, 2005, 16(12): 2919-2922.

[13] Shao M W, Yao H, Zhang M L, et al. Fabrication and application of long strands of silicon nanowires as sensors for bovine serum albumin detection[J]. Applied Physics Letters, 2005, 87(18): 183106.

[14] Peng K Q, Lee S T. Silicon nanowires for photovoltaic solar energy conversion[J]. Advanced Materials, 2011, 23(2): 198-215.

[15] Thiyagu S, Devi B P, Pei Z. Fabrication of large area high density, ultra-low reflection silicon nanowire arrays for efficient solar cell applications[J]. Nano Research, 2011, 4(11): 1136-1143.

[16] Fan Z Y, Ruebusch D J, Rathore A A, et al. Challenges and prospects of nanopillar-based solar cells[J]. Nano Research, 2009, 2(11): 829.

[17] Hoex B, Schmidt J, Pohl P, et al. Silicon surface passivation by atomic layer deposited Al_2O_3[J]. Journal of Applied Physics, 2008, 104(4): 044903.

[18] Aberle A G, Hezel R. Progress in low-temperature surface passivation of silicon solar cells using remote-plasma silicon nitride[J]. Progress in Photovoltaics: Research and Applications, 1997, 5(1): 29-50.

[19] Li X H, Choy W C H, Lu H F, et al. Efficiency enhancement of organic solar cells by using shape-dependent broadband plasmonic absorption in metallic nanoparticles[J]. Advanced Functional Materials, 2013, 23(21): 2728-2735.

[20] Freeman R G, Grabar K C, Allison K J, et al. Self-assembled metal colloid monolayers: An approach to SERS substrates[J]. Science, 1995, 267(5204): 1629-1632.

[21] Thomann I, Pinaud B A, Chen Z B, et al. Plasmon enhanced solar-to-fuel energy conversion[J]. Nano Letters, 2011, 11(8): 3440-3446.

[22] Haes A J, Chang L, Klein W L, et al. Detection of a biomarker for Alzheimer's disease from synthetic and clinical samples using a nanoscale optical biosensor[J]. Journal of the American Chemical Society, 2005, 127(7): 2264-2271.

[23] Kelly K L, Coronado E, Zhao L L, et al. The optical properties of metal nanoparticles: the influence of size, shape, and dielectric environment[J]. The Journal of Physical Chemistry B, 2003, 107(3): 668-677.

[24] Pillai S, Catchpole K R, Trupke T, et al. Surface plasmon enhanced silicon solar cells[J]. Journal of Applied Physics, 2007, 101(9): 093105.

[25] Koutsioubas A G, Spiliopoulos N, Anastassopoulos D, et al. Nanoporous alumina enhanced surface plasmon resonance sensors[J]. Journal of Applied Physics, 2008, 103(9): 094521.

[26] Ramanarayanan R, Ummer F C, Swaminathan S. Exploring dynamics of resonance energy transfer in hybrid Quantum Dot Sensitized Solar Cells (QDSSC)[J]. Materials Research Express, 2020, 7(2): 025517.

[27] Dutta M, Sarkar S, Ghosh T, et al. ZnO/graphene quantum dot solid-state solar cell[J]. The Journal of Physical Chemistry C, 2012, 116(38): 20127-20131.

[28] Mor G K, Shankar K, Paulose M, et al. Enhanced photocleavage of water using titania nanotube arrays[J]. Nano Letters, 2005, 5(1): 191-195.

[29] Grimes C A. Synthesis and application of highly ordered arrays of TiO_2 nanotubes[J]. Journal of Materials Chemistry, 2007, 17(15): 1451-1457.

[30] LaTempa T J, Feng X J, Paulose M, et al. Temperature-dependent growth of self-assembled hematite (α-Fe₂O₃) nanotube arrays: Rapid electrochemical synthesis and photoelectrochemical properties[J]. The Journal of Physical Chemistry C, 2009, 113(36): 16293-16298.

[31] Mohapatra S K, John S E, Banerjee S, et al. Water photooxidation by smooth and ultrathin α-Fe₂O₃ nanotube arrays[J]. Chemistry of Materials, 2009, 21(14): 3048-3055.

[32] Lin Y J, Yuan G B, Liu R, et al. Semiconductor nanostructure-based photoelectrochemical water splitting: A brief review[J]. Chemical Physics Letters, 2011, 507(4-6): 209-215.

[33] Jiao F, Bruce P G. Mesoporous crystalline β-MnO₂: A reversible positive electrode for rechargeable lithium batteries[J]. Advanced Materials, 2007, 19(5): 657-660.

[34] Balaya P, Bhattacharyya A J, Jamnik J, et al. Nano-ionics in the context of lithium batteries[J]. Journal of Power Sources, 2006, 159(1): 171-178.

[35] Bruce P G, Scrosati B, Tarascon J M. Nanomaterials for rechargeable lithium batteries[J]. Angewandte Chemie (International Ed), 2008, 47(16): 2930-2946.

[36] Peled E. The electrochemical behavior of alkali and alkaline earth metals in nonaqueous battery systems: The solid electrolyte interphase model[J]. Journal of the Electrochemical Society, 1979, 126(12): 2047-2051.

[37] Fong R, von Sacken U, Dahn J R. Studies of lithium intercalation into carbons using nonaqueous electrochemical cells[J]. Journal of the Electrochemical Society, 1990, 137(7): 2009.

[38] 李剑文, 周爱军, 刘兴泉, 等. Si nanowire anode prepared by chemical etching for high energy density lithium-ion battery[J]. 无机材料学报, 2013, 28(11): 1207-1212.

[39] Chan C K, Peng H L, Liu G, et al. High-performance lithium battery anodes using silicon nanowires[J]. Nature Nanotechnology, 2008, 3(1): 31-35.

[40] Cui L F, Ruffo R, Chan C K, et al. Crystalline-amorphous core-shell silicon nanowires for high capacity and high current battery electrodes[J]. Nano Letters, 2009, 9(1): 491-495.

[41] Su L W, Jing Y, Zhou Z. Li ion battery materials with core-shell nanostructures[J]. Nanoscale, 2011, 3(10): 3967-3983.

[42] Ng S H, Wang J Z, Wexler D, et al. Highly reversible lithium storage in spheroidal carbon-coated silicon nanocomposites as anodes for lithium-ion batteries[J]. Angewandte Chemie (International Ed), 2006, 45(41): 6896-6899.

[43] Ng S H, Wang J Z, Wexler D, et al. Amorphous carbon-coated silicon nanocomposites: a low-temperature synthesis *via* spray pyrolysis and their application as high-capacity anodes for lithium-ion batteries[J]. The Journal of Physical Chemistry C, 2007, 111(29): 11131-11138.

[44] Ke Q Q, Wang J. Graphene-based materials for supercapacitor electrodes-A review[J]. Journal of Materiomics, 2016, 2(1): 37-54.

[45] Wang R, Sui Y W, Huang S F, et al. High-performance flexible all-solid-state asymmetric supercapacitors from nanostructured electrodes prepared by oxidation-assisted dealloying protocol[J]. Chemical Engineering Journal, 2018, 331: 527-535.

[46] Yan J, Li S H, Lan B B, et al. Rational design of nanostructured electrode materials toward multifunctional supercapacitors[J]. Advanced Functional Materials, 2020, 30(2): 1902564.

[47] Zhang L L, Zhao X S. Carbon-based materials as supercapacitor electrodes[J]. Chemical Society Reviews, 2009, 38(9): 2520-2531.

[48] Largeot C, Portet C, Chmiola J, et al. Relation between the ion size and pore size for an electric double-layer

capacitor[J]. Journal of the American Chemical Society, 2008, 130(9): 2730-2731.

[49] An K H, Kim W S, Park Y S, et al. Electrochemical properties of high-power supercapacitors using single-walled carbon nanotube electrodes[J]. Advanced Functional Materials, 2001, 11(5): 387-392.

[50] Xie L J, Sun G H, Su F Y, et al. Hierarchical porous carbon microtubes derived from willow catkins for supercapacitor applications[J]. Journal of Materials Chemistry A, 2016, 4(5): 1637-1646.

[51] Wang Q, Wen Z H, Li J H. A hybrid supercapacitor fabricated with a carbon nanotube cathode and a TiO_2-B nanowire anode[J]. Advanced Functional Materials, 2006, 16(16): 2141-2146.

[52] Ogata C, Kurogi R, Hatakeyama K, et al. All-graphene oxide device with tunable supercapacitor and battery behaviour by the working voltage[J]. Chemical Communications, 2016, 52(20): 3919-3922.

[53] El-Kady M F, Strong V, Dubin S, et al. Laser scribing of high-performance and flexible graphene-based electrochemical capacitors[J]. Science, 2012, 335(6074): 1326-1330.

[54] Meher S K, Rao G R. Ultralayered Co_3O_4 for high-performance supercapacitor applications[J]. The Journal of Physical Chemistry C, 2011, 115(31): 15646-15654.

[55] Datt R, Gangwar J, Tripathi S K, et al. Porous nickel oxide nanostructures for supercapacitor applications[J]. Quantum Matter, 2016, 5(3): 383-389.

[56] Chen H C, Jiang J J, Zhang L, et al. Facilely synthesized porous $NiCo_2O_4$ flowerlike nanostructure for high-rate supercapacitors[J]. Journal of Power Sources, 2014, 248: 28-36.

[57] Li R, Zhang W J, Zhang M, et al. High performance Ni_3S_2/3D graphene/nickel foam composite electrode for supercapacitor applications[J]. Materials Chemistry and Physics, 2021, 257: 123769.

[58] Wang Y Y, Lei Y, Li J, et al. Synthesis of 3D-nanonet hollow structured Co_3O_4 for high capacity supercapacitor[J]. ACS Applied Materials & Interfaces, 2014, 6(9): 6739-6747.

[59] Wang X B, Hu J J, Liu W D, et al. Ni-Zn binary system hydroxide, oxide and sulfide materials: Synthesis and high supercapacitor performance[J]. Journal of Materials Chemistry A, 2015, 3(46): 23333-23344.

[60] Jin K, Zhang W J, Wang Y X, et al. In-situ hybridization of polyaniline nanofibers on functionalized reduced graphene oxide films for high-performance supercapacitor[J]. Electrochimica Acta, 2018, 285: 221-229.

[61] Li Y Z, Zhao X, Yu P P, et al. Oriented arrays of polyaniline nanorods grown on graphite nanosheets for an electrochemical supercapacitor[J]. Langmuir, 2013, 29(1): 493-500.

[62] Liu T Y, Finn L, Yu M H, et al. Polyaniline and polypyrrole pseudocapacitor electrodes with excellent cycling stability[J]. Nano Letters, 2014, 14(5): 2522-2527.

[63] Naguib M, Kurtoglu M, Presser V, et al. Two-dimensional nanocrystals produced by exfoliation of Ti_3AlC_2[J]. Advanced Materials, 2011, 23(37): 4248-4253.

[64] Chaudhari N K, Jin H, Kim B, et al. MXene: An emerging two-dimensional material for future energy conversion and storage applications[J]. Journal of Materials Chemistry A, 2017, 5(47): 24564-24579.

[65] Yang L, Zheng W, Zhang P, et al. MXene/CNTs films prepared by electrophoretic deposition for supercapacitor electrodes[J]. Journal of Electroanalytical Chemistry, 2018, 830: 1-6.

[66] De S, Maity C K, Sahoo S, et al. Polyindole booster for $Ti_3C_2T_x$ MXene based symmetric and asymmetric supercapacitor devices[J]. ACS Applied Energy Materials, 2021, 4(4): 3712-3723.

[67] Wang Y Z, Liu Y X, Wang H Q, et al. Ultrathin NiCo-MOF nanosheets for high-performance supercapacitor electrodes[J]. ACS Applied Energy Materials, 2019, 2(3): 2063-2071.

[68] Wang L, Han Y Z, Feng X, et al. Metal-organic frameworks for energy storage: Batteries and supercapacitors[J]. Coordination Chemistry Reviews, 2016, 307: 361-381.

[69] Wang R T, Jin D D, Zhang Y B, et al. Engineering metal organic framework derived 3D nanostructures for high performance hybrid supercapacitors[J]. Journal of Materials Chemistry A, 2017, 5(1): 292-302.

[70] Xiong S S, Jiang S Y, Wang J, et al. A high-performance hybrid supercapacitor with NiO derived NiO@Ni-MCF composite electrodes[J]. Electrochimica Acta, 2020, 340: 135956.

[71] Wang X F, Niu S M, Yin Y J, et al. Triboelectric nanogenerator based on fully enclosed rolling spherical structure for harvesting low-frequency water wave energy[J]. Advanced Energy Materials, 2015, 5(24): 1501467.

[72] Lin Z H, Cheng G, Lin L, et al. Water-solid surface contact electrification and its use for harvesting liquid-wave energy[J]. Angewandte Chemie (International Ed), 2013, 52(48): 12545-12549.

[73] Ashkin A, Dziedzic J M, Bjorkholm J E, et al. Observation of a single-beam gradient force optical trap for dielectric particles[J]. Optics Letters, 1986, 11(5): 288.

[74] 闵长俊, 袁运琪, 张聿全, 等. 操纵微纳颗粒的"光之手": 光镊技术研究进展[J]. 深圳大学学报(理工版), 2020, 37(5): 441-458.

[75] Bhebhe N, Williams P A C, Rosales-Guzmán C, et al. A vector holographic optical trap[J]. Scientific Reports, 2018, 8(1): 17387.

[76] Fällman E, Axner O. Design for fully steerable dual-trap optical tweezers[J]. Applied Optics, 1997, 36(10): 2107-2113.

[77] Mio C, Gong T, Terray A, et al. Design of a scanning laser optical trap for multiparticle manipulation[J]. Review of Scientific Instruments, 2000, 71(5): 2196-2200.

[78] Curtis J E, Koss B A, Grier D G. Dynamic holographic optical tweezers[J]. Optics Communications, 2002, 207(1-6): 169-175.

[79] Zhong M C, Wei X B, Zhou J H, et al. Trapping red blood cells in living animals using optical tweezers[J]. Nature Communications, 2013, 4: 1768.

[80] Wang M D, Yin H, Landick R, et al. Stretching DNA with optical tweezers[J]. Biophysical Journal, 1997, 72(3): 1335-1346.

[81] Pang Y J, Gordon R. Optical trapping of a single protein[J]. Nano Letters, 2012, 12(1): 402-406.

[82] Montelongo Y, Yetisen A K, Butt H, et al. Reconfigurable optical assembly of nanostructures[J]. Nature Communications, 2016, 7: 12002.

[83] Qiu L, Liu D Y, Wang Y F, et al. Mechanically robust, electrically conductive and stimuli-responsive binary network hydrogels enabled by superelastic graphene aerogels[J]. Advanced Materials, 2014, 26(20): 3333-3337.

[84] Nayak T R, Andersen H, Makam V S, et al. Graphene for controlled and accelerated osteogenic differentiation of human mesenchymal stem cells[J]. ACS Nano, 2011, 5(6): 4670-4678.

[85] Lee W C, Lim C H Y X, Shi H, et al. Origin of enhanced stem cell growth and differentiation on graphene and graphene oxide[J]. ACS Nano, 2011, 5(9): 7334-7341.

[86] Crowder S W, Prasai D, Rath R, et al. Three-dimensional graphene foams promote osteogenic differentiation of human mesenchymal stem cells[J]. Nanoscale, 2013, 5(10): 4171-4176.

[87] Tang M L, Song Q, Li N, et al. Enhancement of electrical signaling in neural networks on graphene films[J]. Biomaterials, 2013, 34(27): 6402-6411.

[88] Mannoor M S, Tao H, Clayton J D, et al. Graphene-based wireless bacteria detection on tooth enamel[J]. Nature Communications, 2012, 3: 763.

[89] Khan S B, Alamry K A, Alyahyawi N A, et al. Nanohybrid based on antibiotic encapsulated layered double hydroxide as a drug delivery system[J]. Applied Biochemistry and Biotechnology, 2015, 175(3): 1412-1428.

[90] Bi X, Fan T, Zhang H. Novel morphology-controlled hierarchical core@shell structural organo-layered double hydroxides magnetic nanovehicles for drug release[J]. ACS Applied Materials & Interfaces, 2014, 6(22): 20498-20509.

[91] Rives V, del Arco M, Martín C. Intercalation of drugs in layered double hydroxides and their controlled release: A review[J]. Applied Clay Science, 2014, 88: 239-269.

[92] Shu Y Q, Yin P G, Liang B L, et al. Bioinspired design and assembly of layered double hydroxide/poly(vinyl alcohol) film with high mechanical performance[J]. ACS Applied Materials & Interfaces, 2014, 6(17): 15154-15161.

[93] Saifullah B, Arulselvan P, El Zowalaty M E, et al. Development of a biocompatible nanodelivery system for tuberculosis drugs based on isoniazid-Mg/Al layered double hydroxide[J]. International Journal of Nanomedicine, 2014, 9: 4749-4762.

[94] Ma R, Wang Z G, Yan L, et al. Novel Pt-loaded layered double hydroxide nanoparticles for efficient and cancer-cell specific delivery of a cisplatin prodrug[J]. Journal of Materials Chemistry B, 2014, 2(30): 4868-4875.

[95] Li L, Gu W Y, Chen J Z, et al. Co-delivery of siRNAs and anti-cancer drugs using layered double hydroxide nanoparticles[J]. Biomaterials, 2014, 35(10): 3331-3339.

[96] Sun W, Guo Y Q, Lu Y P, et al. Electrochemical biosensor based on graphene, Mg_2Al layered double hydroxide and hemoglobin composite[J]. Electrochimica Acta, 2013, 91: 130-136.

[97] Liu L M, Jiang L P, Liu F, et al. Hemoglobin/DNA/layered double hydroxide composites for biosensing applications[J]. Analytical Methods, 2013, 5(14): 3565-3571.

[98] Chakraborti M, Jackson J K, Plackett D, et al. Drug intercalation in layered double hydroxide clay: Application in the development of a nanocomposite film for guided tissue regeneration[J]. International Journal of Pharmaceutics, 2011, 416(1): 305-313.

[99] Dai Q, Yan Y, Ang C S, et al. Monoclonal antibody-functionalized multilayered particles: Targeting cancer cells in the presence of protein coronas[J]. ACS Nano, 2015, 9(3): 2876-2885.

[100] Ma Y F, Huang J, Song S J, et al. Cancer-targeted nanotheranostics: Recent advances and perspectives[J]. Small, 2016, 12(36): 4936-4954.

[101] Legin A A, Schintlmeister A, Sommerfeld N S, et al. Nano-scale imaging of dual stable isotope labeled oxaliplatin in human colon cancer cells reveals the nucleolus as a putative node for therapeutic effect[J]. Nanoscale Advances, 2021, 3(1): 249-262.

[102] Shi J J, Kantoff P W, Wooster R, et al. Cancer nanomedicine: Progress, challenges and opportunities[J]. Nature Reviews Cancer, 2017, 17(1): 20-37.

[103] Zhang L, Jing D, Wang L, et al. Unique photochemo-immuno-nanoplatform against orthotopic xenograft oral cancer and metastatic syngeneic breast cancer[J]. Nano Letters, 2018, 18(11): 7092-7103.

[104] Zhang L M, Wang Z L, Lu Z X, et al. PEGylated reduced graphene oxide as a superior ssRNA delivery system[J]. J Mater Chem B, 2013, 1(6): 749-755.

[105] Milgroom A, Intrator M, Madhavan K, et al. Mesoporous silica nanoparticles as a breast-cancer targeting ultrasound contrast agent[J]. Colloids and Surfaces B, Biointerfaces, 2014, 116: 652-657.

[106] Seib F P, Jones G T, Rnjak-Kovacina J, et al. pH-dependent anticancer drug release from silk nanopar-

ticles[J]. Advanced Healthcare Materials, 2013, 2(12): 1606-1611.

[107] Liu Y, Duan X D, Shin H J, et al. Promises and prospects of two-dimensional transistors[J]. Nature, 2021, 591(7848): 43-53.

[108] Materazzi A L, Ubertini F, D'Alessandro A. Carbon nanotube cement-based transducers for dynamic sensing of strain[J]. Cement and Concrete Composites, 2013, 37: 2-11.

[109] Meoni A, D'Alessandro A, Downey A, et al. An experimental study on static and dynamic strain sensitivity of embeddable smart concrete sensors doped with carbon nanotubes for SHM of large structures[J]. Sensors, 2018, 18(3): 831.

[110] Teng F, Luo J L, Gao Y B, et al. Piezoresistive/piezoelectric intrinsic sensing properties of carbon nanotube cement-based smart composite and its electromechanical sensing mechanisms: A review[J]. Nanotechnology Reviews, 2021, 10(1): 1873-1894.

[111] 张梦杰, 李翔, 乔师帅, 等. 改性碳纳米管水泥基复合材料热电非平衡融冰性能[J]. 材料导报, 2021, 35(8): 8049-8055.

[112] Ubertini F, Hong A L, Betti R, et al. Estimating aeroelastic effects from full bridge responses by operational modal analysis[J]. Journal of Wind Engineering and Industrial Aerodynamics, 2011, 99(6-7): 786-797.

[113] Douglas S P, Mrig S, Knapp C E. MODs vs. NPs: Vying for the future of printed electronics[J]. Chemistry, 2021, 27(31): 8062-8081.

[114] Harapan H, Itoh N, Yufika A, et al. Coronavirus disease 2019 (COVID-19): A literature review[J]. Journal of Infection and Public Health, 2020, 13(5): 667-673.

[115] Chan J F, Choi G K, Tsang A K, et al. Development and evaluation of novel real-time reverse transcription-PCR assays with locked nucleic acid probes targeting leader sequences of human-pathogenic coronaviruses[J]. Journal of Clinical Microbiology, 2015, 53(8): 2722-2726.

[116] Wang Y J, Wang W S, Xu L, et al. Cross talk between nucleotide synthesis pathways with cellular immunity in constraining hepatitis E virus replication[J]. Antimicrobial Agents and Chemotherapy, 2016, 60(5): 2834-2848.

[117] Wu C Y, Jan J T, Ma S H, et al. Small molecules targeting severe acute respiratory syndrome human coronavirus[J]. Proceedings of the National Academy of Sciences of the United States of America, 2004, 101(27): 10012-10017.

[118] Zhu Y F, Li J, Pang Z Q. Recent insights for the emerging COVID-19: Drug discovery, therapeutic options and vaccine development[J]. Asian Journal of Pharmaceutical Sciences, 2021, 16(1): 4-23.

[119] Cao X T. COVID-19: Immunopathology and its implications for therapy[J]. Nature Reviews Immunology, 2020, 20(5): 269-270.

[120] Chen L, Xiong J, Bao L, et al. Convalescent plasma as a potential therapy for COVID-19[J]. The Lancet Infectious Diseases, 2020, 20(4): 398-400.

第**6**章

纳米材料的安全性

6.1　纳米材料安全性的研究意义

近年来，随着纳米科学与技术的飞速发展，我们已经能够设计、操控和制造纳米级的材料和众多包含纳米技术的产品，并正在进一步从纳米尺度上理解和认识我们赖以生存的世界。纳米技术造就的新兴领域正在引领多个学科迈出实质性、跨越性发展的步伐，例如材料科学、能源科学、医药学、微电子学和绿色科技等。纳米材料的尺寸比细胞小几个量级，比细菌小，与蛋白质大小相当，表面的化学反应活性很高，有些还具有自我组装能力。它们在进入生命体以后，与生命体系，如器官组织、细胞、生物分子发生相互作用时，对生命过程产生的正面（如药物）或负面（如毒性）影响，已经成为纳米科技的重要研究内容和研究方向，纳米材料的安全性问题已经受到各国政府和广大民众的重点关注。

1986 年，美国未来学家 Drexler 在《创造的发动机》一书中，在描述"将精确地控制单个的原子和分子"的"新形式的技术"即"纳米技术"的巨大前景的同时，还指出了"可复制组装机（replicating assemblers）和思维机器会对地球上的人类和生物产生根本性威胁"的可能性，并发出了"除非我们学会如何安全地与它们共生，否则我们的未来将既是令人激动的又是短暂的"的警示。同年，Omni 杂志也刊登了这个概念，即自我复制的"纳米机器人"是否可以在世界上被允许，并像病毒一样传播，毁灭人类。2000 年 4 月，美国计算机工程师、太阳公司的创始人 Joy 发表了《为什么未来不需要我们》一文，明确指出纳米技术的可能危害性，特别是纳米技术与计算机技术、基因技术结合后所带来的巨大的毁灭性力量，认为 21 世纪的技术即纳米技术、基因技术和机器人的危险性将远远大于核武器、生化武器、化学武器等大规模杀伤性武器。2000 年底，美国《发现》杂志将纳米技术、生物技术和机器人技术等一起列为 21 世纪二十大危险之一。此后，关于纳米材料与纳米技术对人体健康、环境以及社会安全等方面的负面影响的讨论与国际会议日益增多，也衍生出交叉学科，例如纳米毒理学等。

由于尺寸较小，比表面积较大以及量子效应等特点，纳米材料具有十分特殊的物理化学性质。较小的纳米颗粒具有更高的生物活性，更容易侵入人体的防御系统，进入并破坏细胞，危害人体健康（图 6-1）。纳米材料的比表面积非常大，一旦诱发细胞毒性，那么毒性可能远远大于组成相似的块体材料引发的毒性。此外，粉末形式的颗粒状纳米材料可能存在爆炸风险，近年我国频频发生此类安全事故。因此，必须开展纳米材料的安全性研究，更科学地发展纳米科技。

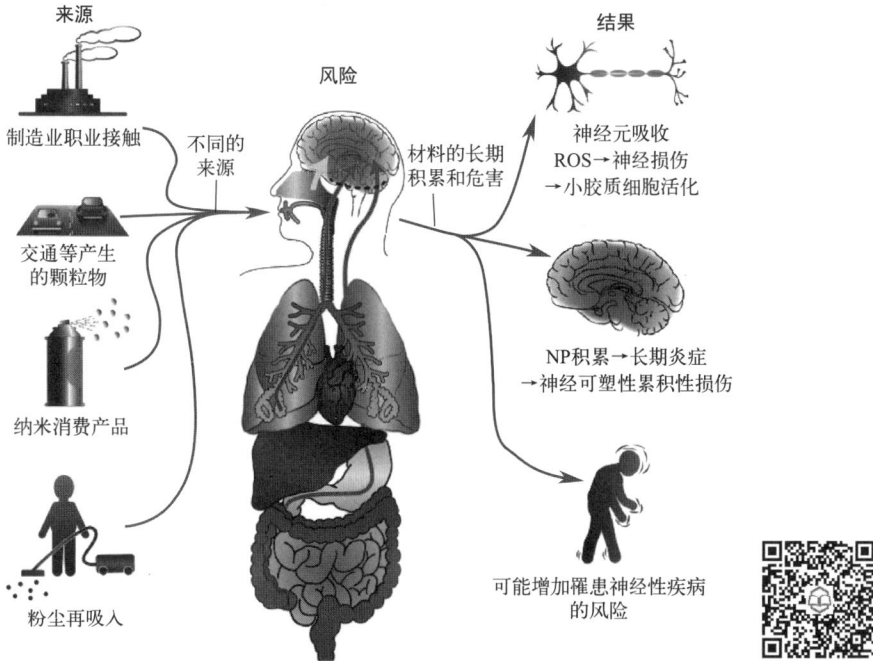

图 6-1　纳米颗粒对人体的危害

6.2　纳米材料的危害

　　纳米粒子尺寸小、比表面积大、表面态丰富、化学活性高，具有许多块体及普通粉末所没有的特殊性质，许多在普通条件下没有生物毒性的物质，在纳米尺寸下却表现出很强的生物毒性。尽管纳米材料的种类和应用范围都在迅速增加，但人们对纳米材料的生物安全性的深入研究依然匮乏。即使是相对完善的二维材料，如石墨烯，其与活组织的生理相互作用方面人们也知之甚少。由于纳米材料的生物毒性已被证明取决于纳米材料的尺寸、表面积和成分。特殊的大小和形状可能会使巨噬细胞无法吞噬而产生毒性。表面积的增加也会增强纳米材料在人体中的吸附或转移。人体自身对 10nm 以上的纳米颗粒的缓慢清除可能导致肝脏、肾脏、脾脏、肺中的颗粒积聚。纳米粒子生物毒性的表现方式主要有组织器官形态和功能的改变、生长发育迟缓、细胞形态改变、染色体损伤、细胞分裂异常、细胞死亡（凋亡）等。从已有的研究来看，纳米粒子的毒性与其尺寸、形貌、表面修饰、浓度、制备方法及作用时间等均有密切关系，一般而言纳米粒子的尺寸越小、浓度越高、作用时间越长，则其毒性也越大。纳米粒子的生物毒性也与细胞类型有关，同一种纳米粒子对不同细胞的毒性强弱也不相同，此外还与生物或细胞染毒途径和方式有关。纳米粒子生物毒性的机理目前还不十分清楚，氧化损伤是纳米材料引起毒性的可能途径，细胞凋亡可能依赖线粒体途径。

6.2.1　纳米材料对环境的影响

（1）纳米材料对大气环境的影响

大气中颗粒物的主要来自工业排放的废气以及汽车尾气，随着工业革命的进行以及私家车的普及，大气中的颗粒物逐年增多。空气中的纳米颗粒通常被称为超细颗粒物（空气动力学直径＜100nm），由于其质量和体积较小，能长时间停留在大气中，并且会在周围的大气中迅速扩散，在空气传播的病毒和细菌等纳米级生物可能会附着在纳米材料（尤其是无机材料）上，加速疾病的传播。如果大气中的纳米材料长期存在，在较长波长共振条件下，能吸收并重新发射热辐射，还会形成纳米级气溶胶，造成全球辐射增强，加速全球变暖。

研究者们研究了纳米材料在空气中的动力学行为，遵循基本的扩散规律，经过计算，粒径5nm的纳米颗粒每秒发生820万次碰撞，且每次碰撞都可能发生凝结和团聚（图6-2），颗粒通过浓缩和结晶变大，可以伴随雨水和雾气降落到地面，进入土壤、水体以及生物体中。

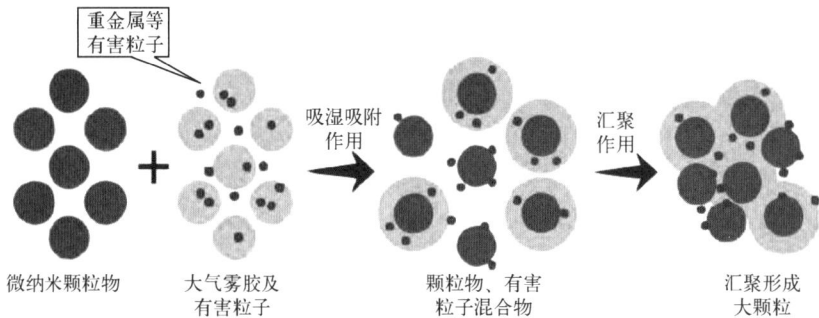

图6-2　大气微纳米颗粒的成核和汇聚作用

（2）纳米材料对土壤环境的影响

纳米材料的比表面积较大，易被吸附在土壤中，另外塑料制品和纳米肥料的应用也增加了土壤中纳米颗粒的含量。纳米材料会影响土壤的理化性质，如pH、质地、离子强度、矿物质和有机质含量等，进而影响土壤中微生物、植物和动物，经过食物链的传递，在各个营养级上转运。

纳米材料对于土壤微生物的影响主要集中在以下几个方面：①纳米材料自身的毒性直接对土壤微生物产生影响；②改变土壤中危害土壤微生物的毒素或营养物质的利用率；③与天然有机化合物相互作用引起间接效应；　④与有毒有机物相互作用，增加或减轻其他有机物对土壤微生物的毒性。表6-1列举了部分纳米材料对土壤中微生物的影响。

纳米材料同样影响植物营养元素的吸收，在植物种子发芽和根伸长阶段，纳米颗粒对植物生长产生抑制作用，抑制种子发芽和根的伸长；在植物的生长阶段，会抑制根系植物的吸收、代谢能力。表6-2列举了部分纳米材料对土壤中植物的影响。

表 6-1　纳米材料对土壤中微生物的影响

纳米材料	危害
Ag	抑制大多数细菌的生长,尤其对某些固氮菌
TiO_2、ZnO	降低土壤微生物量及群落多样性,并影响土壤微生物群落组成
富勒烯	对原核生物有抑制效应,使其生长减缓,有氧呼吸率下降
碳纳米管	使土壤中的铜绿假单胞菌和枯草芽孢杆菌失去活性
TiO_2	对土壤中氨化细菌、硝化细菌、自生固氮菌的生物量和铵态氮、硝态氮、微生物量氮的产生有抑制作用

表 6-2　纳米材料对土壤中植物的影响

纳米材料	危害
SiO_2、Al_2O_3、Fe_3O_4、ZnO	影响拟南芥种子的发芽和根的伸长
Al	抑制玉米、黄瓜、大豆、胡萝卜和甘蓝根系的伸长
Cu	抑制绿豆、小麦幼苗的生长速率
TiO_2	抑制根系水分运输、叶片生长和蒸腾作用
TiO_2、ZnO	减少小麦的产量并改变土壤酶的活性
ZnO	黏附在黑麦草幼苗根表面,减少黑麦草幼苗的生物量,使根尖发生萎缩,根表皮、皮层细胞有空泡
CuO	降低水稻幼苗根系活力和总吸收面积

土壤动物能加速有机物质分解和营养循环,同时增加土壤的孔隙,增强土壤的持水能力、通气性和根系渗透性。目前关于纳米材料对土壤动物的生物效应研究较少,主要集中于中小型无脊椎动物,例如蚯蚓、跳蚤、线虫等。表 6-3 列举了部分纳米材料对土壤中动物的影响。

表 6-3　纳米材料对土壤中动物的影响

纳米材料	危害
Al_2O_3	导致蚯蚓的蚓茧产量减少
Ag	改变蚯蚓的基因表达,显著降低红细胞增长率,影响糖、蛋白质、氨基酸等多种能量代谢途径;使等足目产生回避行为,降低生物量
ZnO、TiO_2	抑制蚯蚓抗氧化酶和纤维素活性,破坏 DNA 和肠道细胞的线粒体,引起表皮和肠上皮细胞的凋亡
Cu	降低蚯蚓的孵化率、蚓茧和幼体产量
CeO_2、TiO_2	导致线虫的产卵量减少,存活率降低
Al_2O_3、ZnO	影响线虫的生长、繁殖和存活率
rGO、碳纳米管	影响蚯蚓生长

纳米材料对土壤生物的毒效应机制主要包括氧化应激效应(ROS)、物理接触、金属离子释放。纳米材料通过主动运输和吞噬作用等方式进入细胞,以诱导氧化应激效应、影响酶活性、损伤 DNA/RNA 等途径对细胞产生毒性。未进入细胞内的纳米材料利用物理接触

导致膜损伤。金属纳米颗粒释放的金属离子主要通过被动扩散进入细胞内产生毒性效应，如图 6-3 所示。

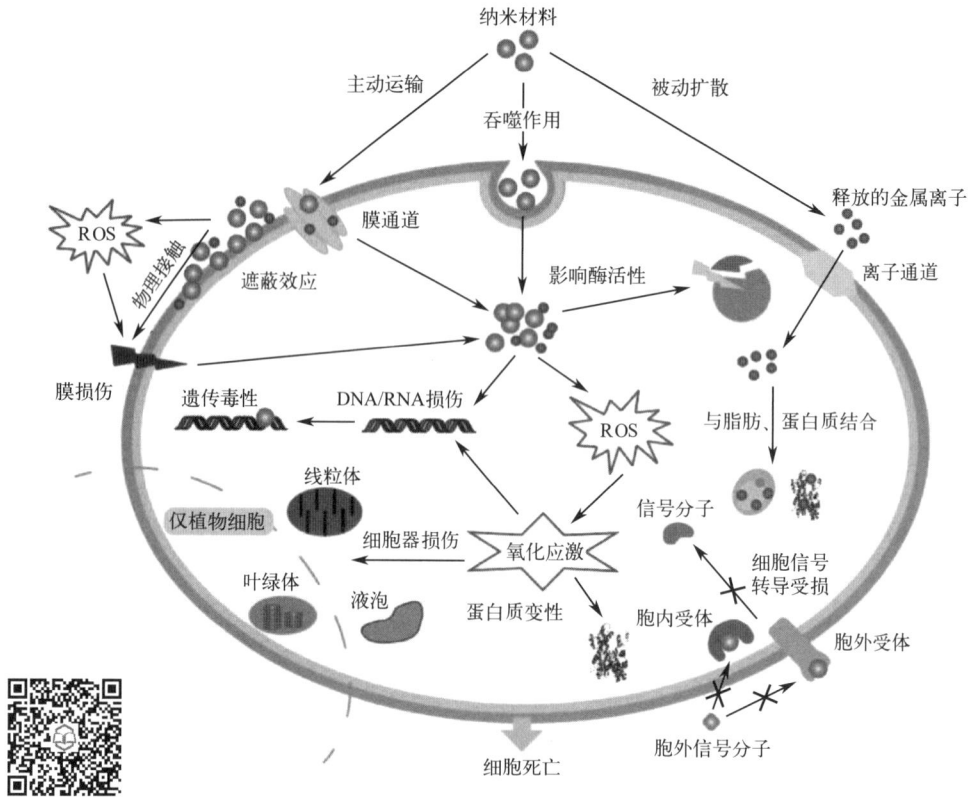

图 6-3 纳米材料对土壤生物的毒性效应机制

ROS 的产生是导致细胞损伤的主要机制，纳米颗粒可激发生物体内的基态氧产生大量的 ROS，如羟基自由基（·OH）、单线态氧（$^1O_2$）和过氧化氢（H_2O_2）。·OH 具有极强的氧化能力，氧化电位为 2.8V，能破坏很多生物大分子，例如糖类、脂肪和蛋白质等。$^1O_2$ 能够氧化破坏多种生物组分，进而破坏生物体。如果产生的 ROS 不能及时清除，会导致细胞内氧化还原状态失衡，造成生物体的氧化损伤，如细胞发炎和死亡。

纳米颗粒可黏附于细胞表面，产生遮蔽效应或破坏细胞膜的完整性，影响细胞膜的通透性和营养物质运输，也会通过扩散、吞噬或内吞作用进入细胞，损伤细胞器。

金属纳米颗粒释放的金属离子会与细胞膜组分或者细胞内的蛋白质和脂肪等结合，也会进入细胞并在细胞中积累，损伤溶酶体和线粒体，导致细胞死亡。

（3）纳米材料对水体环境的影响

水体中纳米材料的来源可以分为天然源和人为源两个方面。在自然水体中，某些金属离子可以通过生物作用或天然转化形成纳米尺寸的天然有机胶体；人为源主要包括人工合成的各种纳米材料通过各种途径进入水环境中。这些纳米材料的进入，会破坏水生生态系统中原有的物质组成和结构，对正常生态系统产生负面影响。纳米材料可通过水生生物的鳃、嗅球或体表进入体内，对水生生物产生不利影响，如表 6-4 所示。

表 6-4　纳米材料对水体生物的影响

纳米材料	危害
C_{60}	导致黑鲈脑、肝和鳃组织产生脂质过氧化损伤，鳃中总谷胱甘肽含量显著下降
碳纳米管	可被大型溞通过正常的觅食行为所摄食，引起大型溞死亡
TiO_2、SiO_2、ZnO	能够抑制细菌（革兰氏阴性菌、革兰氏阳性菌）和真核生物大型溞的生长
ZnO、$ZnCl_2$	降低淡水微藻生长率
Cu	导致斑马鱼产生急性毒性

6.2.2　纳米材料对人体的影响

（1）纳米材料进入人体的途径

纳米材料可以通过几种方式进入人体，除了直接注射之外，大多数纳米材料需要经过皮肤、呼吸系统或消化系统能进入人体。现在日常生活中人们会接触大量的纳米材料，表 6-5 列举了几种常见的纳米材料进入人体的途径。

表 6-5　常见纳米材料进入人体的途径

产品	纳米颗粒	进入人体的途径
护肤品、化妆品	SiO_2、TiO_2 等无机纳米材料	皮肤
饮用水、食品包装	塑料纳米颗粒	呼吸、消化道
消毒凝胶	无机金属纳米溶胶	皮肤
医疗成像剂	磁性纳米颗粒	皮肤、注射
药物制剂	脂质纳米颗粒、聚合物纳米颗粒	皮肤、呼吸、消化道、注射

皮肤是人体最大的器官，约占人体体重的 10%，是人体抵抗外界的损害的第一道屏障，可以抵抗很多细小病菌和毒质的入侵。虽然皮肤具有良好的防御作用，但是纳米材料的尺寸较小，因此皮肤对于纳米颗粒的防御作用会大大降低，而且其表面的性质可以发生改变进入皮肤间的孔隙，从而能够穿透皮肤而到达人体当中。由于人体的皮肤很容易受到损伤，一旦皮肤受损，纳米材料就会乘虚而入，伤害人体。图 6-4 描述了纳米颗粒进入人体的途径。纳米颗粒可以透过皮肤角质进入脂质基质中，随后可缓慢释放至更深层的真皮层中。纳米材料的尺寸、形状、电荷、表面性质等理化性质均会影响皮肤的渗透，研究表明，粒径 <4nm 的纳米颗粒可穿过完整的人体皮肤，粒径在 4~20nm 的纳米颗粒可穿过受损皮肤，也有可能穿过完好皮肤，粒径在 21~45nm 的纳米颗粒仅能穿过受损皮肤，粒径 >45nm 不能穿过皮肤。

人体的呼吸系统包括两大部分，一是呼吸道部分，二是肺部。它能够维持人体机体的新陈代谢以及其他重要的生理功能。大气中存在大量的纳米颗粒，这些纳米颗粒可以通过气管进入肺部。超细纳米颗粒可以穿过气管进入肺部，在肺部中，这些纳米粒子可能发生团聚，贴附在肺泡细胞表面，或穿越内皮细胞屏障，进入血液循环系统。巨噬细胞会对这些穿越细胞屏障的物质进行清除，若不能清除，则会引发一些肺部疾病。此外，纳米材料在通过呼吸系统进入人体的过程中，其肺部中的纳米材料含量会逐渐降低，说明纳米材料会通过血液循环进一步运输至人体心脏、肾脏，甚至大脑等重要器官，危害人体健康（图 6-5）。

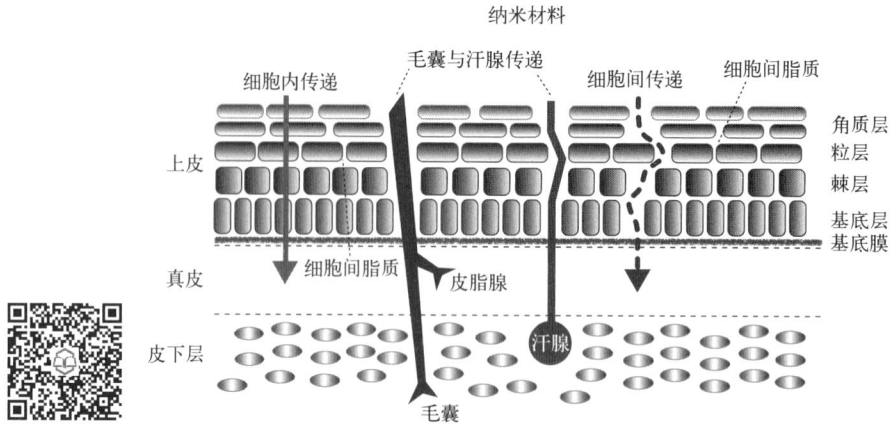

图 6-4　纳米材料穿过皮肤的途径

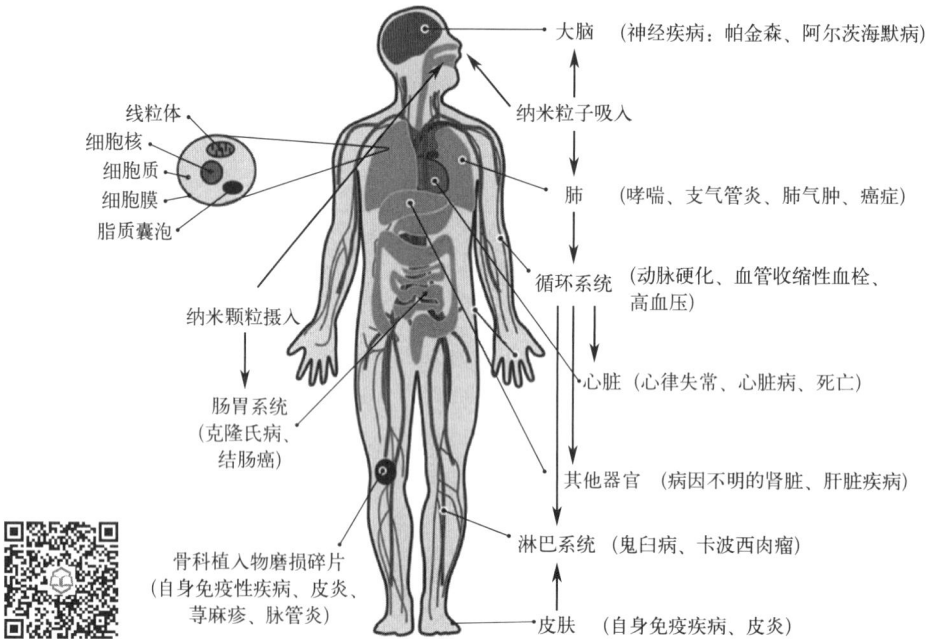

图 6-5　纳米材料对人体器官的影响及引发的相关疾病

　　纳米材料包装在生活中随处可见，比如牙膏、药品胶囊、口香糖、药品添加剂的包装等，当人体在接触这些食品或药物的时候，纳米材料通过消化道而吸收到人体当中。除此之外，部分通过呼吸作用在肺部沉积的纳米颗粒也会在肺部清理液的作用下进入胃肠道，穿过血管屏障，进入血液循环。

　　(2) 纳米材料对人体健康的危害

　　不同组织和器官的生物环境（pH、离子种类、离子浓度等）、组织成分、结构和功能各不相同，进入体内的纳米材料对不同器官的生物效应也不同。

一般来说，呼吸系统对空气中的纳米材料最为敏感。虽然相对较大的颗粒可以被呼吸道中的黏液纤毛清除，但尺寸较小的纳米材料会深入肺部。肺部的气水界面被肺表面活性物质所覆盖，由约 90% 的磷脂和 10% 的蛋白组成。肺表面活性物质是吸入颗粒物和病原体的第一道宿主防御，吸入的纳米颗粒会与肺表面活性物质产生相互作用，抑制肺表面活性物质的生物功能，肺表面活性物质缺乏或损伤可导致肺部疾病，如呼吸窘迫综合征和急性肺损伤。纳米材料通过与肺表面活性物质相互作用后，会直接与巨噬细胞接触，肺泡巨噬细胞对肺泡颗粒物的清除起着重要作用。如果巨噬细胞因颗粒物数量增大等原因致使移动性和吞噬功能下降，不能有效地清除颗粒，肺部就会出现"灰尘负载"现象，进而引起肺部慢性炎症、肺泡上皮细胞和成纤维细胞过度增生，最后导致肺泡炎、肉芽肿、肺纤维化等病理改变。

纳米材料吸入肺部后转移至血液循环，可通过血液循环重新分布到其他器官组织，或通过淋巴循环再转移到血液，最后分布到全身。大量研究显示，空气污染与心血管疾病有关，人类的死亡率也与大气中超细颗粒的含量呈正相关，尤其是由心血管、呼吸系统引发的疾病。大气中的颗粒物对心血管系统的影响如图 6-6 所示。纳米颗粒从肺部转移到血液后，在血小板中聚集并相互作用，可能诱导血小板的激活，激活的血小板与受损或激活的内皮细胞作用而凝聚，形成血栓。此外，高浓度的纳米颗粒暴露可导致活性氧的氧化应激反应，引起系统性的炎症，进而促使动脉粥样硬化的形成，引起血压升高乃至心肌梗死等急性心血管反应。纳米颗粒还能作用于神经系统，干扰自主神经系统和心脏的节律。

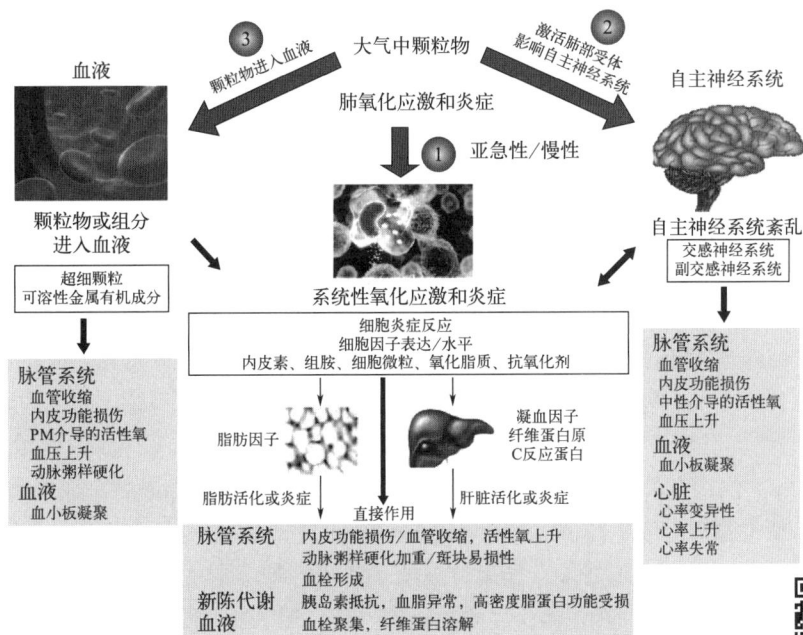

图 6-6　大气中的颗粒物对心血管系统的影响

人体的血脑屏障能阻止异物进入大脑组织，但是纳米材料由于其小尺寸和高表面活性，能跨过血脑屏障进入大脑，同时还可沿嗅神经转运，所以人脑和脊髓组成的中枢神经系统也会成为纳米材料进入人体后的蓄积靶器官。研究表明，纳米材料导致中枢神经损伤的途径可能有以下三种。第一，纳米材料进入生物体后，会引发组织炎症反应，如吸入纳米颗粒大量沉积于肺泡组织引起肺部炎症，使大量的炎症因子进入血循环并引起系统炎症反应，进而引起脑部炎症反应导致功能损伤；第二，转运到中枢神经系统内的纳米颗粒，可通过激活小胶质细胞，使自由基、炎症因子等神经毒性分子大量表达，导致神经损伤；第三，纳米颗粒在感觉神经内转运的同时，也会损伤神经元的正常功能，直接导致脑边缘系统毒性效应。

消化道是纳米材料进入人体的另一个主要途径，纳米材料可能与食物基质和胃肠道液发生相互作用。SiO_2 是一种常见的食品添加剂，人们研究了经口暴露 SiO_2 的生物效应，结果表明，SiO_2 会诱导肠细胞毒性，影响人体肠道微生物群。Guo 等人利用三相模拟消化系统和体外细胞小肠上皮模型评估了壳聚糖纳米颗粒（Chnps）、可溶性淀粉包覆的壳聚糖纳米颗粒（SS-Chnps）和大块壳聚糖粉（Chp）的胃肠道和细胞毒性。理化特性表明，在消化胃期，Chp 溶解，而 Chnps 或 SS-Chnps 未溶解；SS-Chnps 的淀粉包覆层在口腔期和胃期保持稳定；在小肠期，所有物质均团聚。暴露于 Chnps 的消化液，观察到细胞毒性 [LDH（乳酸脱氢酶）释放] 的轻微增加，Chp 或 SS-Chnps 则没有细胞毒性。肠道菌群也可能与纳米材料产生各种生物效应相互作用，导致肠道菌群失调（图 6-7）。例如，TiO_2、SiO_2、Ag、rGO、CNTs、纳米山药多糖等多种纳米颗粒可能会影响肠道菌群，并可能会引起诸如结肠炎、肥胖和免疫功能障碍等临床疾病。

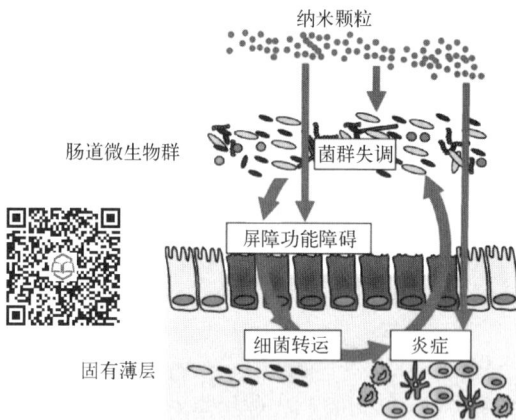

图 6-7　纳米颗粒对肠道菌群的影响

一些科学家认为，由于纳米材料的特殊性质，无论其化学成分如何，纳米材料都有可能致癌。越来越多的研究表明，纳米材料具有潜在的致癌风险。体外和体内的测试证据表明，各种 CNT 都能诱导遗传毒性和致癌性，其中最显著的是 MWCNTs Mitsui #7，国际癌症研究机构（IARC）已将 MWCNT Mitsui #7 列为致癌物。新加坡国立大学（NUS）David Tai Leong 教授及 Han Kiat Ho 教授等科学家的研究结果表明，常用的无机纳米颗粒，包括 TiO_2、SiO_2、Au 纳米颗粒，静脉注射入动物模型后会加速乳腺癌细胞的内渗和外渗，增加现有的癌症转移程度并促进新转移位点的出现。而这一切，与血管内皮钙黏蛋白（VE-cadherin）的相互作用有关（图 6-8）。作者认为这是纳米颗粒破坏了癌细胞与皮层的相互作用，使得黏附的细胞减少，同时利用 Transwell 实验探索了纳米颗粒处理内皮细胞对癌细胞穿过内皮层的能力的影响，结果发现纳米颗粒处理后穿过内皮细胞层，也就意味着癌细胞可以通过 NanoEL（内皮渗透）穿过血管。

纳米材料还可能通过插入或与 DNA 的相互作用直接诱导遗传毒性，或通过氧化应激或改变参与细胞分裂的蛋白质间接诱导遗传毒性。纳米材料有可能影响整体 DNA 甲基化水平或特定基因启动子的甲基化，以及参与 DNA 甲基化调控的酶/蛋白质，如甲基 CpG 结合蛋白和 DNA 甲基转移酶；纳米材料的离子电荷影响带正电荷的组蛋白，可以通过诱导组蛋白的翻译后修饰（甲基化或乙酰化），或通过改变组蛋白修饰酶如 HDAC 的功能来改变染色质组织；一些 NMs 已被证明可以改变 miRNAs 的表达和功能，从而调控参与重要细胞机制的基因（图 6-9）。例如，有研究表明，若将母体暴露于 Au 纳米颗粒中，会改变胎儿肝和肺中某些基因和 miRNA 的表达。

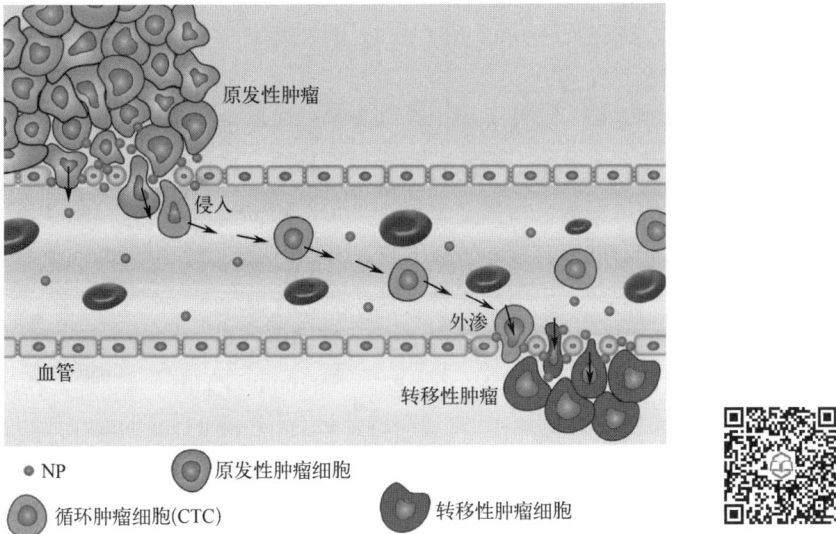

图 6-8　TiO$_2$ 纳米颗粒可能通过破坏血管屏障促进乳腺癌细胞的体内内渗和外渗

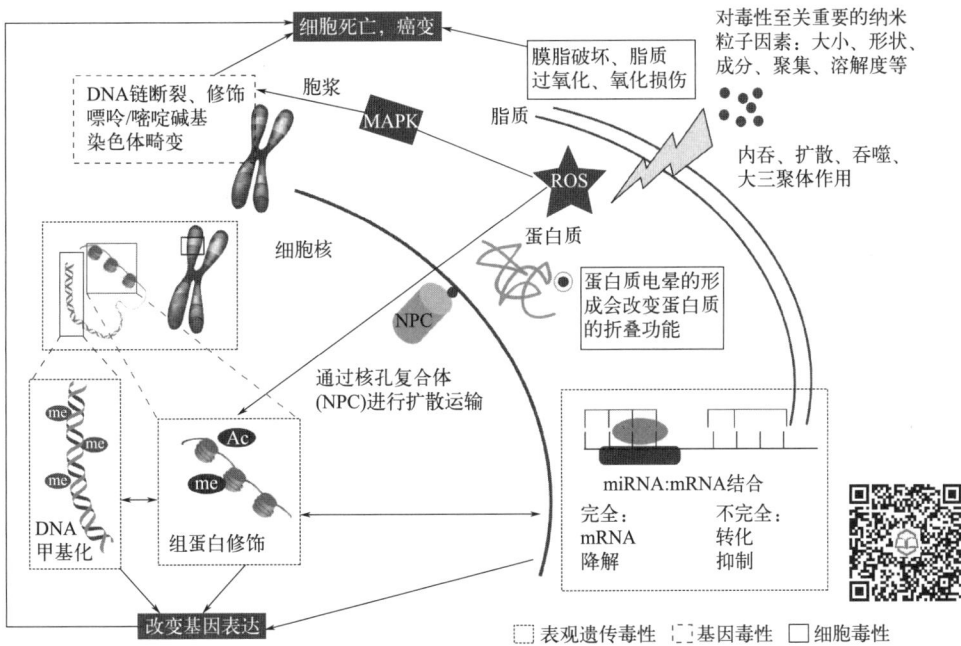

图 6-9　纳米材料的遗传毒性

6.2.3　影响纳米材料毒性的因素

（1）纳米材料的尺寸效应

生物体内的细胞、细胞膜、细胞器，以及蛋白质、DNA 等均处于纳米或数微米的范围内，例如，K^+ 通道孔洞（1nm）、细胞膜厚（$7\sim8$nm）、血红蛋白（6.4nm×5.5nm×5.0nm）、胰蛋白酶（34.9nm×41.3nm×28.9nm）等。纳米材料的尺寸与生物体内的基本单元结构处于同一量级水平上，例如常见的单壁碳纳米管管径（$0.6\sim2$nm）、多壁碳纳米管管径（$2\sim100$nm）、SiO_2 纳米颗粒（$5\sim50$nm）、Fe_2O_3 纳米颗粒（<80nm）等。处于同一量级尺寸的颗粒，更易发生相互作用。

根据流行病学研究，发现大气中的纳米颗粒比微米颗粒对人体健康的危害更大，呼吸相同质量的颗粒物的条件下，纳米颗粒的尺寸越小，越易进入细胞，毒性越大，会引起严重的心血管和呼吸道疾病。当尺寸小于 50nm 的颗粒吸入人体后，呼吸道沉积概率很高。纳米尺寸依然影响着纳米颗粒的转移速率，例如，粒径在 $10\sim50$nm 的颗粒更易从呼吸道的肺泡迁移到肺间隙或者中枢神经系统等其他器官。

毒理学家 Oberdörster 等人对不同尺寸的聚四氟乙烯（PTFE）颗粒的毒性进行了研究。研究表明，当大鼠的吸入浓度小于 $60\mu g/m^3$ 的 26mm PTFE 颗粒时，会引起急性出血性肺炎，大鼠暴露 $10\sim30$min 便会死亡，说明毒性极高。并且 PTFE 的颗粒尺寸越小（约 16nm）越小，毒性越大。但是当 PTFE 烟雾产生几分钟后，颗粒自凝聚形成大于 100nm 的颗粒，便不会引起暴露大鼠的毒性反应。Forte 等研究了不同尺寸 44nm（NP44）和 100nm（NP100）的聚苯乙烯纳米粒子在胃腺癌细胞的吸收动力学，结果表明，与 NP100 相比，尺寸更小的 NP44 在胃腺癌细胞质中积累迅速且效率更高。

纳米材料的尺寸与毒性直接相关，现在人们已经普遍认可"尺寸-效应"的关系。此外，某些纳米材料尺寸的变化还能引起其毒性的逆转，即在一定的尺度下表现毒性，在另外的尺度下表现惰性和安全性。所以，我们要建立和完善纳米材料的尺寸-效应关系，在纳米材料的安全尺度下，最大限度地保留其功能特性。

（2）纳米材料的形状

纳米材料的微观形状多种多样，常见的例如球形、杆形、环形及平板形等。细胞对纳米材料的摄入主要是通过内吞的方式，通过细胞质膜内陷形成囊泡，将外部物质包裹，随后从膜上脱落将物质输送入细胞内部。纳米材料的形状主要会影响其对细胞膜的相互作用，进入细胞，进一步影响细胞的正常运作。

Chithrani 等人也发现细胞对 74nm×14nm 的金纳米棒摄取速率小于直径 74nm 或 14nm 的球形纳米颗粒。He 等人合成了球形核壳磁性纳米复合材料（IO-PEI）和 Fe_3O_4 粒子修饰的氧化石墨烯纳米片（IO-rGO），它们具有相似的表面化学性质、电荷和磁化强度，但几何形状不同。结果表明，它们对癌细胞膜表现出不同的黏附性、细胞内吞行为和细胞毒性（图6-10）。2D 结构的 IO-rGO 复合材料在低工作浓度下比球形纳米复合材料具有更高的细胞捕获效率，细胞毒性更强。

（3）纳米材料的化学组成和结构

相比于纳米材料的尺寸和形状，化学组成和结构对其毒性有着更直接的影响。例如，不同金属及金属氧化物诱导细胞产生活性氧的能力不同，因此产生的细胞毒性不同。Yen 等人在体外研究 J774 A1 巨噬细胞对不同金属 Au 和 Ag 纳米颗粒的免疫反应。当两种纳米颗粒浓度大于 10×10^{-6} 时，都进入细胞，但只有 Au 纳米颗粒能增加促炎基因 IL-1、IL-6 和肿瘤坏死因子 TNF-α 的表达。并推测是部分带负电荷的 Au 纳米颗粒吸附血清蛋白，通过内吞方式进入细胞，导致 Au 纳米颗粒比 Ag 纳米颗粒具有更高的细胞毒性。Harper 等人用研究了 11 种尺寸相同的纳米颗粒的对斑马鱼胚胎模型的毒性，包括氧化铝、二氧化钛、氧化锆、氧化钆、氧化镝、氧化钬、氧化钐、氧化铒、氧化钇、二氧化硅以及铝掺杂的氧化铈纳米颗粒。当斑马鱼胚胎暴露于纳米颗粒的分散液中 5 天之后，

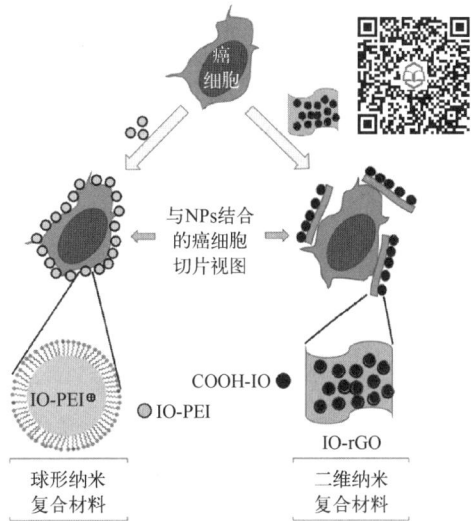

图 6-10　不同几何形状的纳米复合材料对癌细胞不同的黏附力和相互作用

50×10^{-6} 的氧化钐和氧化铒纳米颗粒引起较高的胚胎致死率，且 250×10^{-6} 的氧化钇、氧化钐、氧化镝纳米颗粒能够引起斑马鱼胚胎畸形，而其他纳米材料没有引起显著的生物毒性。

尽管某些纳米材料的化学组成相同，但是不同的结构也会引起不同化学反应和毒性。例如常见的碳纳米材料，Jia 等人测试了单壁碳纳米管（SWCNT）、多壁碳纳米管（MWCNT）和富勒烯（C_{60}）的细胞毒性。SWCNT 在体外暴露 6h 后，对肺泡巨噬细胞产生明显的细胞毒性，当 SWCNTs 的浓度增加到 11.30g/cm^2 时，细胞毒性最高可达 35%。当 MWCNT 浓度为 3.06g/cm^2 时，巨噬细胞也表现出明显的坏死和变性，然而 C_{60} 在高浓度 226.00g/cm^2 下没有观察到明显的细胞毒性。不同几何结构的碳纳米材料在体外表现出不同的细胞毒性和生物活性：SWCNT > MWCNT > C_{60}。

纳米材料的晶体结构不同，也会影响其生物毒性。Sayes 等人发现晶型也影响其致细胞死亡的方式，锐钛矿型比金红石型 TiO_2 纳米颗粒的细胞毒性大 100 倍。同时引起细胞毒性的机制也不相同，锐钛矿的 TiO_2 主要引起细胞坏死，而金红石型 TiO_2 通过产生活性氧诱导细胞凋亡。

纳米材料中的杂质也有可能影响纳米材料的毒性。在纳米材料的制备过程中，可能用到金属催化剂，尤其对于化学气相沉积方法制备的碳纳米管，可能会含有过渡金属催化剂如 Fe、Y、Ni、Mo、Co 等杂质。Ge 等人定量研究了金属杂质和纤维结构对 CNTs 毒性的影响，结果发现有大量的金属颗粒溶出释放到溶液中，如图 6-11 所示，含有金属杂质和通过酸处理去除部分金属杂质的 CNTs 均能产生羟基自由基，羟基自由基与 Fe 金属杂质的含量呈正相关。相比于材料的结构，Fe 在产生羟基自由基的过程中发挥主要作用，能够增加细胞内活性氧的产生进而损伤细胞活力。

（4）纳米材料的表面性质

当纳米颗粒与尺寸更大的颗粒化学组成相同时，纳米颗粒具有更大的比表面积，如果将 1cm^3 的立方体全部分解为 1nm^3 立方体，其产生的总比表面积是单个 1cm^3 立方体的 10^7 倍，巨大的比表面积将会诱导更高的化学活性和生物活性，表现出更强的毒性。

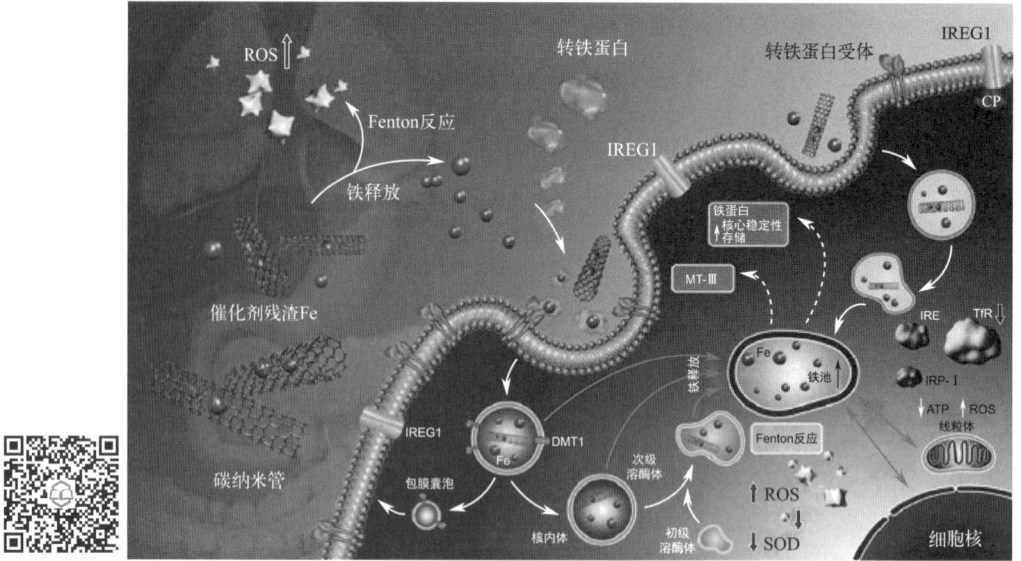

图 6-11　CNTs 和金属杂质的细胞内转运以及细胞毒性的作用机制

　　纳米材料的表面性质也是影响材料毒性的重要因素之一，但同时，表面化学修饰也是消除或降低纳米颗粒毒性的有效手段。Li 等人发现不同手性谷胱甘肽修饰的量子点，对人肝癌上皮细胞 HepG2 自噬活性的影响不同，因此产生不同的细胞毒性。Colvin 等人以修饰和未修饰的 C_{60} 对人肝细胞和皮肤细胞的生物效应进行研究。C_{60} 聚集产生活性氧自由基是引起细胞毒性的主要原因，但是表面使用极性基团修饰后可使颗粒在水中不发生聚集，不会产生自由基。实验结果表明，经 20ng/g 未修饰的 C_{60} 48h 暴露后，超过细胞半数死亡。但是经过羟基化修饰 $[C_{60}(OH)_x]$ 或羧基化修饰 $[C_{60}(COOH)_x]$ 的颗粒暴露，对人体细胞毒性明显降低。并且，C_{60} 表面的化学修饰基团越多，其细胞毒性越小。Li 等人选择了三种不同类型的官能团（—NH_2、—COOH 和—PEG）修饰 SiO_2 纳米颗粒（NPs）表面，结果证明官能团可以明显影响 SiO_2 NPs 的细胞毒性，当不同官能团数量相同时，三种官能团的毒性大小为—COOH ＞—NH_2 ＞—PEG（图 6-12）。

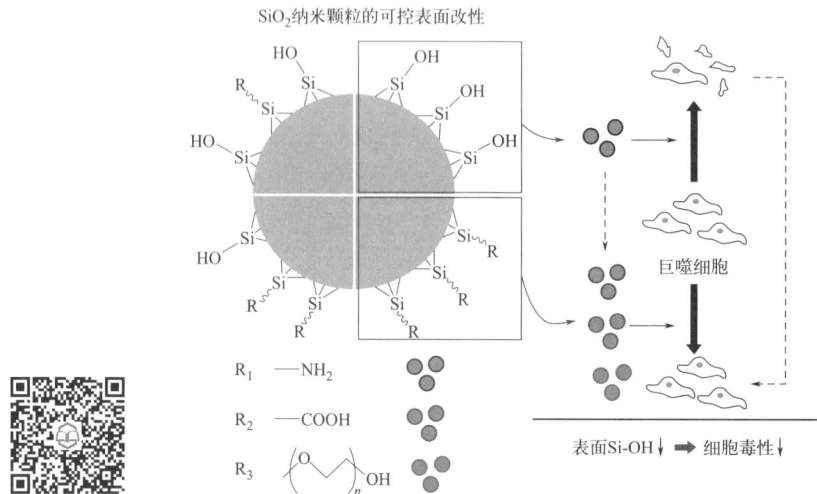

图 6-12　不同官能团表面修饰 SiO_2 对细胞毒性的影响

6.3 纳米材料安全性的研究方法

6.3.1 纳米材料体外毒性的研究方法

细胞是构成大多数生物体的基本单位，纳米材料的体外毒性研究主要是以体外细胞研究技术为手段，研究纳米材料对细胞的完整性、生长状态、形态等的影响，通过控制纳米材料的种类、剂量和暴露时间等参数，可以得到纳米材料的毒性和相关变量之间的关系。相较于直接在生物体内研究，对细胞进行体外培养有着诸多的优点，如操作更加简便，实验条件更加容易控制，避免了个体差异等。纳米材料的体外毒性研究方法主要集中在细胞形态学观察、细胞繁殖能力检测、细胞凋亡检测、细胞氧化应激反应检测等。

（1）细胞形态学观察

外界的纳米材料可引起细胞形态的多种变化，如细胞体肿胀、萎缩，细胞间隙扩大，失去原有的细胞形态特征，溶酶体破坏等。通过观察细胞形态的变化，可以判断纳米材料对于细胞的影响，从而推断对细胞潜在的毒性作用，目前常用的观察细胞形态的方法主要有光学显微镜、电子显微镜和原子力显微镜，近年来也涌现出其他的细胞观察技术。

① 光学显微镜。

一般的光学显微镜很难观察到细胞的轮廓及内部结构，目前常用观察细胞的光学显微镜主要有倒置显微镜、相差显微镜、荧光显微镜和激光共聚焦显微镜。

倒置显微镜的构造与用法和普通显微镜完全相同，倒装物镜和聚光器使其可以观察带液体的标本式样，如培养瓶内部的贴壁细胞。袁金华等人研究了化妆品添加剂氧化锌纳米粒子对正常人胚肺成纤维细胞（HELF）的生物毒性，使用倒置显微镜观察了 HELF 细胞暴露于不同浓度 ZnO 纳米粒子的形态，如图 6-13 所示，在低浓度条件下（<25mg/L），HELF 细胞并无明显异样 [图 6-13（a）～（c）]，而当 ZnO 纳米粒子浓度增加到 25mg/L 时 [图 6-13（d）]，可见明显观察到的 HELF 细胞变形、脱落等凋亡现象，大量细胞收缩成圆形。

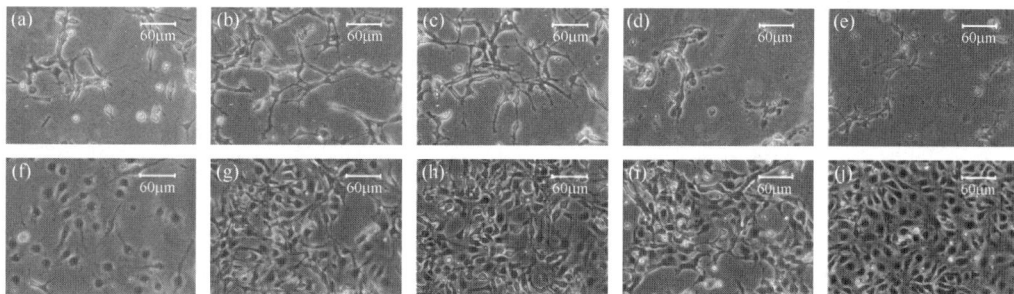

图 6-13　倒置显微镜观察不同浓度纳米氧化锌处理 72h 后的 HELF 细胞形态

相差显微镜主要用来观察未被染色的活体细胞。活体细胞内的不同部分由于厚度和对反射率不同，光线在通过时虽然波长和振幅都不会发生变化，但是会发生细微的相位变化，这种变化通过一般的光学显微镜无法观察。相差显微镜通过环状光栅和相板，将不可见的细微相位差变为人肉眼可见的振幅差，因此可以通过相差显微镜观察细胞的形态和内部结构。Inukai 等人用相差显微镜观察聚四氟乙烯（PTFE）表面活细胞形态，如图 6-14 所示，记录了鼠主动脉内皮细胞在 PTFE 表面的增殖过程。

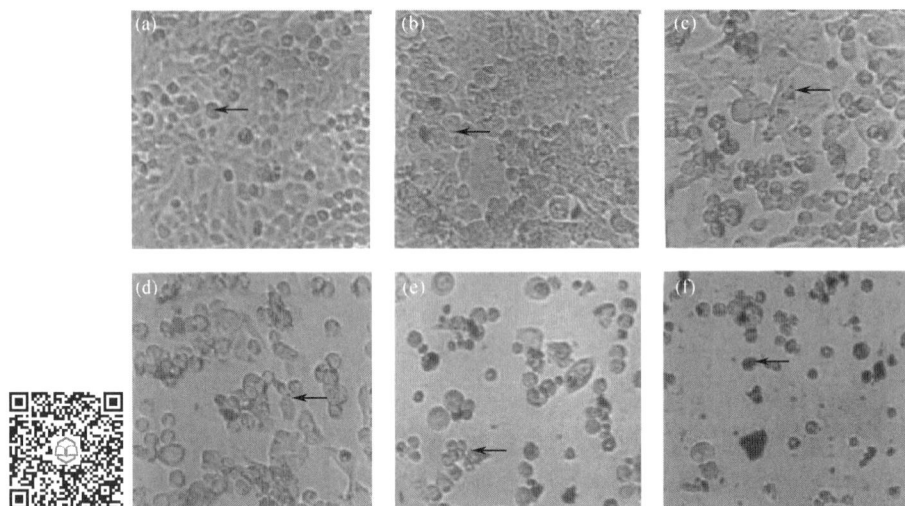

图 6-14　相差显微镜观察鼠主动脉内皮细胞在 PTFE 表面的增殖过程

荧光显微镜可以对暴露在纳米材料中的细胞进行定性、定位、定量观察，与普通显微镜不同的是，不是通过普通光源照明观察细胞，荧光显微镜是通过激发光源使被荧光物质染色的细胞发出特定波长的荧光。常用的激发光源有紫外光（$\lambda<400nm$）和蓝紫光（$\lambda=404nm$、$434nm$ 为中心的紫外至蓝光）。荧光显微镜观察有两种方式，分别为荧光染色法和荧光抗体法。荧光染色法是使用荧光染料对细胞直接进行染色，如吖啶橙染色可以使细胞质发出橙色荧光，细胞核发出绿色荧光；荧光抗体法也称为免疫荧光法，利用了抗体抗原的特异性结合，使得抗体成为一种特异性的蛋白质染料，常用的四种荧光染料为荧光素、罗丹明、Texas 红和藻红蛋白。曹长姝等人在臭灵丹中 3,5-二羟基-6,7,3′,4′-四甲氧基黄酮（HTMF）诱导喉癌 Hep-2 细胞凋亡的研究中，使用荧光染色法观察了细胞形态的变化（图 6-15），当 HTMF 作用于 Hep-2 细胞 48h 后，随着浓度的升高，细胞变圆，体积缩小，细胞数和细胞密度显著下降。

荧光抗体法的应用也十分广泛。Ruchi 等人报道了一种表面具有 10 种抗体的单层多肽纳米纤维（NFP），以提高曲妥珠单抗（anti-HER）的细胞毒性。anti-HER 是一种针对约 20% 乳腺癌患者的人表皮生长因子受体 2（HER-2）的单克隆抗体。所制备的 anti-HER 共轭纳米纤维能够截断更多的细胞表面 HER-2，因此，与游离 anti-HER 相比，对 HER-2 阳性 SKBr-3 人乳腺癌显示出增强的细胞毒性。图 6-16 为使用荧光抗体技术测试 anti-HER 在细胞中的分布。

激光共聚焦显微镜（CLSM）是以激光作为光源，一次聚焦后在样品的一个平面内进行扫描，随后通过不断改变焦点，得到多个样品的平面图，经过计算机图像处理后得到整

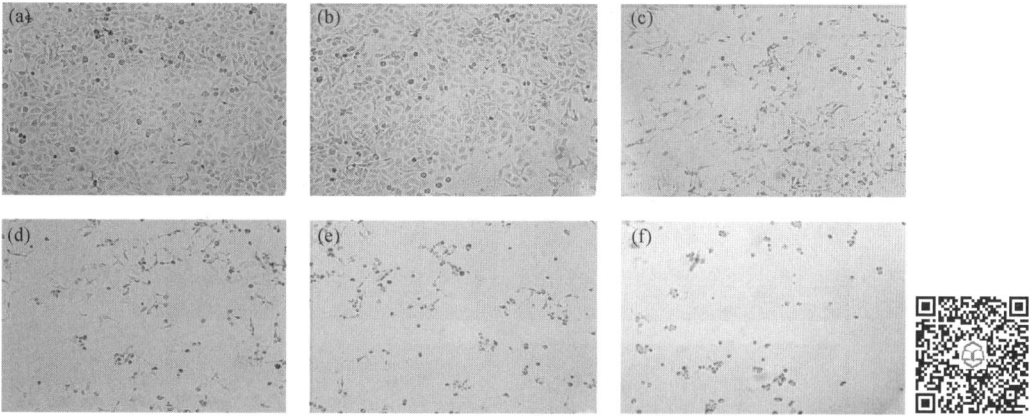

图 6-15　荧光染色法观察不同质量浓度 HTMF 对 Hep-2 细胞形态的影响

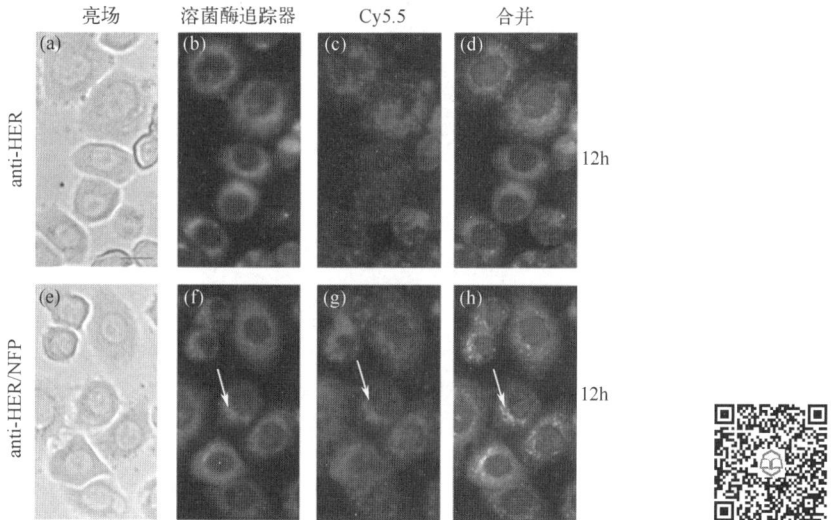

图 6-16　荧光抗体技术测试 anti-HER 在细胞中的分布

个细胞样品的立体结构图。激光共聚焦显微镜相对于传统显微镜，不仅分辨率，灵敏度更高，而且可以对活体试样无损成像。激光共聚焦显微镜可以通过对细胞进行连续扫描得到清晰的细胞骨架、染色体、细胞器和细胞膜的三维图像。通过与荧光免疫技术相结合，可以将不同的荧光物质标记在细胞的各种结构上，以此来观察细胞内部的精确结构，当荧光点较小或易被遮挡时，通过激光共聚焦显微镜得到的三维立体图像更易观察也更加准确。激光共聚焦显微镜可用于观察细胞内的离子荧光标记、单标记或多标记。由于可以无伤地对活体细胞进行观察，因此可以用来检测细胞内部的 pH 值变化和 Na^+、Ca^{2+}、Mg^{2+} 等各种粒子的浓度变化等。Lee 等人采用 CLSM 成像测试了 ZnO 纳米颗粒（ZnO NPs）对人体永生化表皮（HaCaT）细胞间分布以及细胞毒性。图 6-17（a）为空白对照组，经 ZnO NPs 处理后，细胞核的形状逐渐由均匀变为空泡状。当浓度为 10μg/mL 时，细胞核形状基本保持不变［图 6-17（b）］；当浓度为 50μg/mL 时，ZnO NPs 呈现绿色荧光［图 6-17（c）］；当浓度为 100μg/mL 时，HaCaT 细胞的数量显著减少，细胞活力急剧下降［图 6-17（d）］。

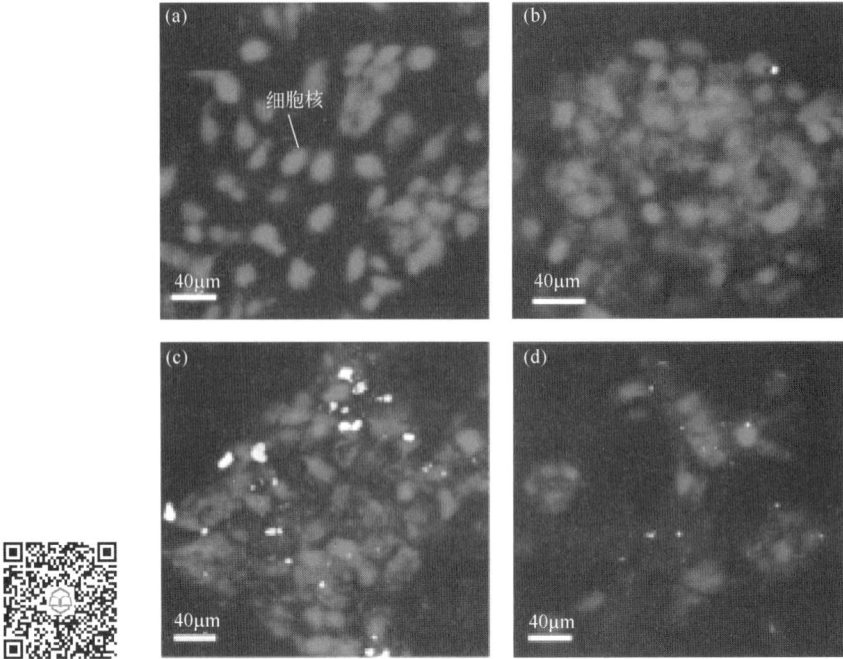

图 6-17　CLSM 观察 ZnO NPs 对 HaCaT 的细胞毒性

② 电子显微镜。

电子显微镜是通过高能电子束扫描样品表面，通过对产生的二次电子或透射电子进行分析得到细胞的结构，常用的有扫描电子显微镜（SEM）和透射电子显微镜（TEM）。相比于光学显微镜，电子显微镜的样品制备较为复杂，但是能得到光学显微镜不能分辨的细微物质结构信息。目前，电子显微镜已经被广泛应用于纳米材料的体外毒性研究中。Kyriakidou 等人利用 SEM 观察了 MWCNT 对细胞膜的损伤作用，如图 6-18 所示，

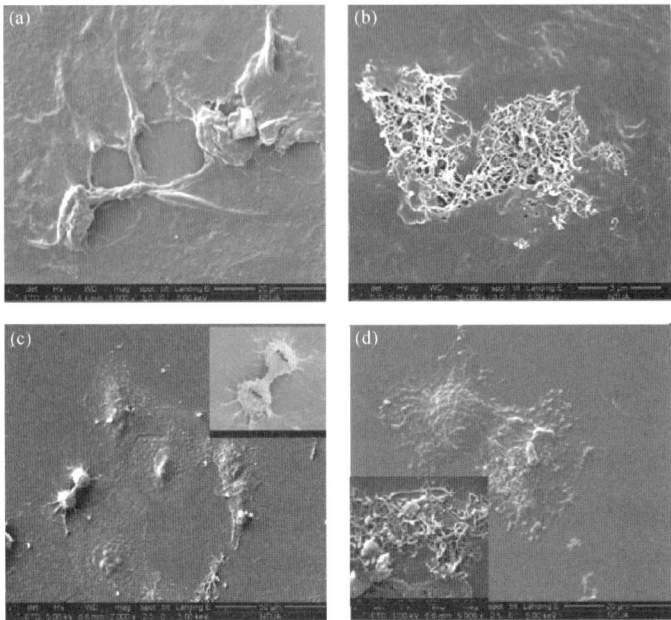

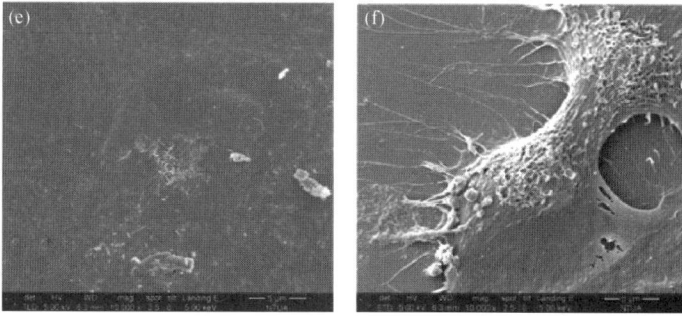

图 6-18　SEM 观察不同浓度的 MWCNT（a）、（c）、（e）和表面氧功能化的
MWCNT（b）、（d）、（f）对细胞形态的影响

不同浓度的 MWCNT 和表面氧功能化的 MWCNT 均能与细胞膜接触，进一步影响细胞形态和细胞功能。Gao 等人使用 SEM 观察不同浓度的 MWCNT［图 6-18（a）、（c）、（e）］和表面氧功能化的 MWCNT［图 6-18（b）、（d）、（f）］对细胞形态的影响。

观察 BiOCl 纳米片（BiOCl-NSs）对人体永生化表皮细胞（HaCaT）的毒性，图 6-19 显示［图 6-19（a）为对照组，图 6-19（b）、（c）为 BiOCl-NSs 浓度 10μg/mL］，BiOCl-NSs 导致线粒体肿胀和圆形、片状嵴变得不规则、无序，甚至部分消失，说明 BiOCl-NSs 可能对 HaCaT 细胞的线粒体和板层嵴造成损伤，线粒体形态的改变表明细胞正在遭受损伤，并可能导致细胞凋亡。

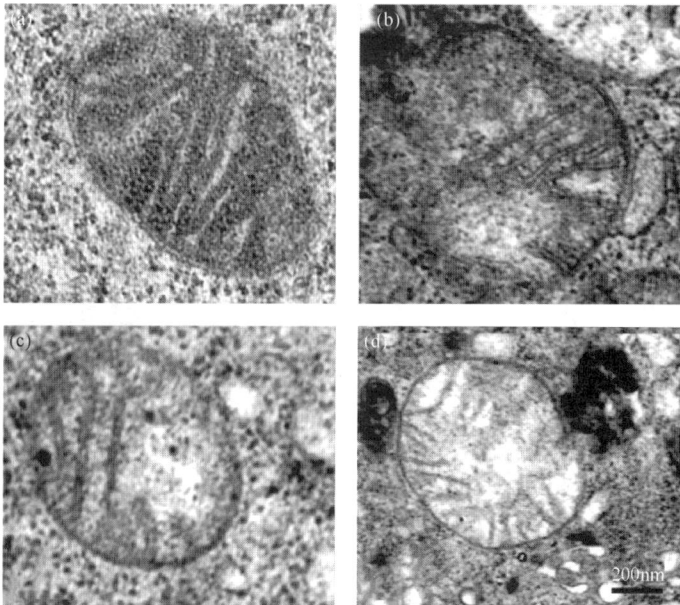

图 6-19　TEM 观察 BiOCl-NSs 对 HaCaT 细胞的毒性

③ 原子力显微镜。

原子力显微镜（AFM）通过原子之间的作用力来实现对样品的表面形貌的分析。原子力显微镜的针尖最细处仅为原子尺寸，针尖与待测样品的距离为纳米级，与细胞样品保持

半接触。相较于光学显微镜和电子显微镜，原子力显微镜在细胞形态学的研究中有许多优点。第一，原子力显微镜可观察的样本广泛，既可以适用于导电样品，也适用于不导电的绝缘样品。对于多数的生物分子和细胞，可以直接用原子力显微镜观察，样品不需要提前处理，制备时间短。第二，相较于电子显微镜，原子力显微镜不需要对样品进行镀铜或碳，保持了样品的完整性，能够更好地反映样品的原貌。第三，原子力显微镜能够得到样品表面的三维图像，横向分辨率为 0.1nm，纵向分辨率为 0.01nm。第四，原子力显微镜对于实验环境的要求并不严格，可以在空气或者溶液条件下进行测试，因此原子力显微镜可以直接对活体细胞进行观察，甚至可以记录下生物样品分子结构变化的整个动力学过程。Umh 等人利用 AFM 观察了 Ag 纳米颗粒（AgNPs）的细胞毒性，图 6-20 显示 AgNPs 会吸引并攻击囊泡外表面，最终导致囊泡破裂。

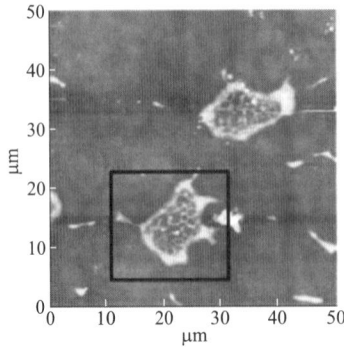

图 6-20　AFM 观察 AgNPs 导致囊泡破裂

④ 其他细胞形态观察技术。

随着纳米材料对体外细胞毒性研究的增多，人们一直也在探索对细胞，尤其是活细胞的动态观测技术，近年来也取得了一定的成果。2014年，Novak 等改进了扫描离子电导显微镜，能够以 15s/f 的速率跟踪单个 200nm 羧基修饰的纳米颗粒与细胞膜结构的相互作用，这种快速离子电导显微镜为研究纳米颗粒与细胞相互作用提供了一种新的手段，图 6-21 是这种快速离子电导显微镜的成像原理及细胞膜吞噬纳米颗粒的过程（结合 TEM）。

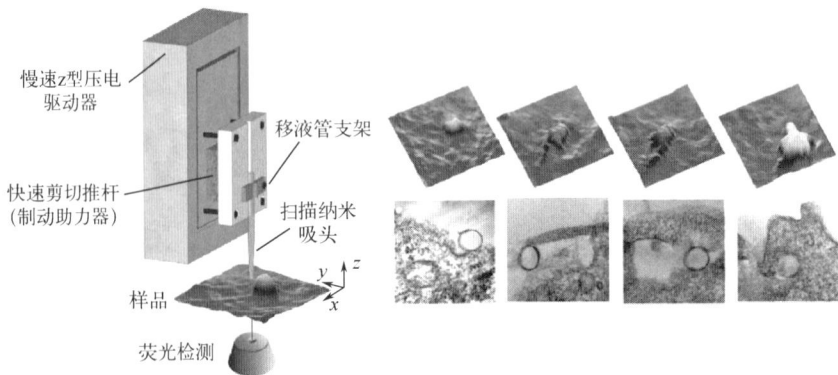

图 6-21　快速离子电导显微镜的成像原理及细胞膜吞噬纳米颗粒的过程（结合 TEM）

（2）细胞增殖能力检测

目前检测细胞增殖能力的方法主要有两类。一类是直接检测法，通过直接测定进行分裂的细胞数来评价细胞的增殖能力，或者检测 DNA 合成、细胞增殖相关抗原的含量；另一种是间接检测法，即细胞活力检测方法，通过检测样品中健康细胞的数目来评价细胞的增殖能力，包括细胞计数法、DNA 合成检测、ATP 含量检测法、荧光染色法、噻唑蓝（MTT）比色法等。

①　细胞计数法。

纳米材料会使细胞发生坏死、变形溶解等，因此记录细胞数目的变化是判定纳米材料生物毒性的重要方法之一。常用半数细胞毒性剂量（TD_{50}）作为材料毒性的重要指标，指的是引起 50%细胞破坏所需要的剂量或者浓度。

②　DNA 合成检测。

DNA 合成检测是目前实验室中检测细胞增殖比较准确可靠的方式。^{3}H 胸腺嘧啶核苷掺入法是一种传统的 DNA 合成检测方法，该法是通过测定纳米材料对细胞 DNA 合成的抑制来分析纳米材料细胞毒性的一种实验方法，是一种高灵敏度的检测方法。检测原理为将具有放射性的 ^{3}H-TdR 掺入 DNA 合成前体胸腺嘧啶核苷中，该 DNA 合成前驱体作为原料掺入 DNA 中，因此可以通过细胞内的放射性强度来推断细胞的增殖情况。将无纳米材料暴露的样品作为对照组，通过对比样品中放射性强度的不同，可以得出细胞 DNA 合成的受抑制程度，从而分析纳米材料的细胞毒性。虽然此方法灵敏度高，但是由于成本较高并且需要接触放射性物质，实验条件要求严苛。

③　ATP 含量检测法。

腺嘌呤核苷三磷酸（adenosine triphosphate，ATP）是高能磷酸化合物，由 1 分子核糖、1 分子腺嘌呤和 3 个相连的磷酸基团构成核苷酸，广泛存在于各种活体细胞中。当活体细胞裂解或死亡后，在胞内酶的作用下，游离的 ATP 分子数量会迅速下降或消失。因此，测定细胞内源性 ATP 的含量可以及时反映细胞的活性和活细胞数量。检测原理是活细胞在有氧和 ATP 的条件下，荧光酶催化荧光素发出荧光（波长为 562nm），强度与 ATP 含量呈正相关，所以测得荧光强度可间接反映出存活细胞量。

④　荧光染色法。

该方法检测的是活细胞内的蛋白酶活性，该蛋白酶为保守的组成型蛋白，因而可作为细胞活力的生物标志物。该活细胞蛋白酶活性仅与完好的活细胞有关，可以使用一种可穿透细胞膜的、产生荧光的底物来检测。该底物能通过细胞膜，在细胞内被酶切而产生荧光性，其细胞膜不通性物质能在细胞膜完好的细胞内存留，如果细胞膜被破坏，该物质则会在被破坏的细胞内迅速扩散，检测该物质的荧光强度的改变就可以判断细胞的代谢活性。常用的荧光素底物有二乙酸盐（FDA）和 5-氰基-2,3-二甲苯基四氮唑（CTC）。FDA 可透过细胞膜进入细胞内，其产物基本不能透过细胞膜，保留在细胞内；CTC 经过细胞内脱氢酶催化后产生荧光性，能提供细胞呼吸代谢活性和细胞膜完整性的信息。近年也有更廉价更便捷的新型荧光染色剂出现，Lin 等人合成了一种新型的胞外多糖衍生的碳点（CDs-EPS605），能够以一种方便的方式成功地评估细胞活力，并且其细胞毒性可以忽略不计。通过将 CDs-EPS605 与不同的死亡和存活微生物一起孵育，例如藤黄微球菌（*M. luteus*）、枯草芽孢杆菌（*B. subtilis*）、大肠杆菌（*E. coli*）和毕赤酵母真菌（*P. pastoris*），只有死亡的微生物在 405nm、488nm 和 552nm 激发出较强的蓝色、绿色和红色荧光（图 6-22），而相应的活体微生物没有荧光。结果表明，CDs-EPS605 可以选择性地对死亡细胞进行染色，并可用于区分活细胞和死细胞。

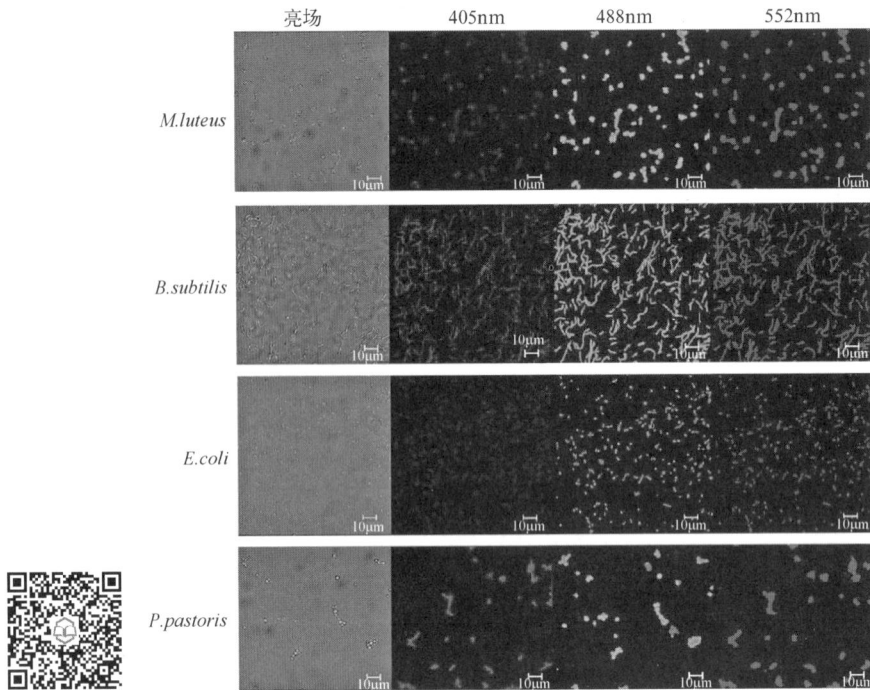

图 6-22　四种死亡微生物的 CDs-EPS605 染色剂的荧光图像

⑤ 噻唑蓝（MTT）比色法。

MTT 比色法是目前应用最广泛的一种细胞活力的检验法。MTT 比色法是通过检测细胞内线粒体酶的活性的改变判纳米材料对细胞的毒性，与细胞的存活率不同，是一个相对值。MTT 是一种能接受 H 原子的化学染料，活细胞线粒体中的琥珀酸脱氢酶能使外源性的 MTT 还原为水不溶性的蓝紫色结晶甲臜沉积在细胞中，而死亡细胞则无此功能。异丙醇或二甲基亚砜（DMSO）能溶解细胞中的甲臜，使用酶标仪检测其在 570nm 波长处的光吸收值，可间接反映活细胞的数量，细胞活力越高，吸光度越大。

MTT 比色法同其他方法相比具有很多显著的优点，如快速简便、经济、灵敏、无放射性污染、不需要预标记靶细胞、得到的结果重复性好、适合大批量检测等。但 MTT 比色法反应生成的甲臜是非水溶性的，有机溶剂溶解的过程可能造成部分甲臜产物流失，细胞对其结晶产物还存在一定的胞吐作用，这些因素都可能引起实验结果的偏差。所以在设计实验时为了尽可能减少误差，应首选水溶性四氮唑盐类（如 xTT、MTS、WST-1WST-8 等）检测细胞活性。此外，只有在一定细胞数量范围内，甲臜的形成量才与活细胞数成正比。因此，吸光度最好保证在 0～0.7 的范围内，超出的这个区间的剂量效应关系就不在线性范围内，如果读数太高，可以通过稀释来调整其吸光度。另外，体积改变（>10%）或测定体系中存在气泡都会影响酶标仪的读数，从而影响实验结果的可靠性。

（3）细胞凋亡检测

细胞凋亡指的是细胞为调控制机体发育，维护内环境的稳定，由基因控制的细胞主动死亡过程，又称为程序性死亡。不同于细胞坏死，细胞凋亡是细胞为了适应外界环境所采取的一种主动性的死亡方式。研究细胞凋亡过程中外部形态和内部结构等改变，对于分析纳米材料的细胞毒性具有重要的意义。目前常用的分析细胞凋亡的方法有细胞形态学观察、DNA 片段检测、线粒体膜电位检测、Caspase 活性检测、流式细胞株、细胞色素 C 检测等。

（4）细胞氧化应激反应检测

在纳米材料暴露的作用下，细胞内部的氧化还原平衡有可能遭到破坏，使细胞中产生大量的高活性分子，如活性氧自由基和活性氮自由基，这两种自由基都可以与细胞中存在的生物大分子相互作用从而使生物大分子失去其原有的生物活性，最终导致细胞功能失常。因此，对于由纳米材料引起的细胞氧化应激反应所产生的高活性分子含量的测定是断定纳米材料细胞毒性的重要指标。

① 活性氧自由基（ROS）的测定。

虽然纳米材料会使细胞中产生相对大量的活性氧自由基，但是自由基在细胞内部的绝对含量仍然很少，加之存在时间极其短暂，因此使用普通仪器对细胞内部的活性氧自由基含量进行检测是不可行的，细胞介质中 ROS 的直接测量可以采用电子顺磁共振光谱仪（EPR）和荧光法。

使用特定的俘获剂与自由基结合之后，就可以使用电子顺磁光谱来定量测定细胞中自由基的数量，设置对照组后就可以定量地得知由纳米材料所产生的自由基。由于电子顺磁光谱仪的检测精度极高，成本昂贵，因此并没有被广泛使用。

对于活性氧自由基的产物，目前已经有多种荧光检测方法来测定其含量，不同的荧光剂对于活性氧自由基产物的灵敏性不同，检测范围也有所不同。对于细胞内部活性氧自由基产物的测定，目前常用的有 2′,7′-二氯荧光黄双乙酸盐（DCFH-DA）和二氢罗丹明 123（DHR123）。在活性氧自由基的产物中，超氧阴离子自由基是产生最早的一类自由基，也是细胞内部其他自由基的主要来源，因此检测细胞内部超氧阴离子的含量对于测定活性氧自由基含量具有重要的意义。目前常用的荧光染料为二氢乙啶，二氢乙啶自身本不具有荧光性，在二氢乙啶进入细胞后，其可以与超氧阴离子发生反应产生乙啶，乙啶可以与 DNA 或者 RNA 结合产生红色荧光。Khan 等人使用一种绿色合成方法合成了 RU-AgNPs，并通过凋亡途径评估其对人脐静脉内皮细胞（HUVECs）的毒性，使用 DCFH-DA 染料，通过荧光强度来测量 ROS 的产生。如图 6-23 所示，HUVECs 暴露于 RU-AgNPs 24h 后，细胞内产生 ROS，结果表明，RU-AgNPs 诱导细胞氧化损伤，进而导致细胞凋亡，并且剂量越大，ROS 含量越多。

② 抗氧化物及抗氧化酶的检测。

在无纳米材料作用的条件下，细胞中的活性氧自由基产物处于平衡状态，这正是因为有细胞内抗氧化酶和细胞外抗氧化剂的作用。当细胞受到纳米材料的暴露处理时，细胞内部活性氧自由基的生成和消除的动态平衡被打破，活性氧自由基大量生成，与此同时，由于细胞本身存在调节作用，抗氧化酶含量也有所上升，因此也可以通过检测抗氧化酶的含量来间接判断活性氧自由基的产生。

目前最常用于检测的抗氧化物为还原型谷胱甘肽和维生素 E，这二者都可以清除细胞内部的自由基，保护细胞的完整性，抵抗脂质过氧化。对于还原型谷胱甘肽的检测最常用的是比色法，此方法操作简便，灵敏度高。对于维生素 E 的检测目前最常用的是高效液相色谱法。

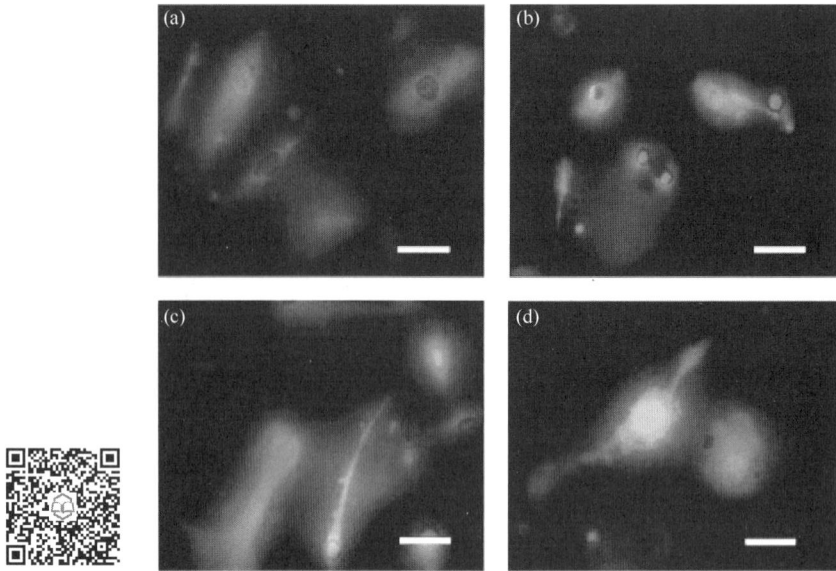

图 6-23　荧光法检测 RU-AgNPs 处理 HUVECs 后 ROS 含量

（a）0μg/mL；（b）25μg/mL；（c）50μg/mL；（d）100μg/mL

细胞内最主要的抗氧化酶有四种，分别为超氧化物歧化酶、过氧化氢酶、谷胱甘肽过氧化物酶和过氧化物酶，其中最为主要的是超氧化物歧化酶。对于超氧化物歧化酶的检测，包括测定其酶活力和蛋白表达量，其中又以酶活力为主要测定内容。对于超氧化物歧化酶酶活力的检测，有直接法和间接法两种，由于超氧阴离子自由基含量极少并且存在时间极短，因此通常采用间接法测量超氧化物歧化酶的酶活力。间接法中最常用的方法是黄嘌呤氧化酶-细胞色素 C 法，此方法检测快速，灵敏性高，干扰少。

③ 其他氧化应激生物标志物的检测。

由于细胞暴露在纳米材料下，细胞内部活性氧自由基的平衡被打破，大量的活性氧自由基产生，细胞内的脂质、蛋白质受到活性氧自由基的影响而失去活性，因此也可以通过检测脂质和蛋白质氧化反应产物来间接反映纳米材料对于细胞的毒性。

细胞内产生的脂质过氧化物主要有丙二醛（MDA）和 4-羟基壬烯酸（HNE），这两种物质的存在会使得细胞膜的流动性和通透性发生改变，最终导致细胞的坏死。硫代巴比妥酸（TBA）分析法可以用于检测细胞内丙二醛的含量，硫代巴比妥酸与细胞内的丙二醛进行结合后会生成红色产物，在 530nm 的波长处进行比色，MDA 的含量与吸光度成正比，TBA 分析法对于实验环境和实验仪器的要求都不高，是一种经济高效的检测方法。另一种常用的脂质过氧化检测方法是使用亲脂性荧光染料 C11-BODIPY[581/591]，这种检测方法不仅可以定性检测细胞中发生的过脂性氧化，还可以定量地分析氧化程度。

6.3.2　纳米材料体内毒性的研究方法

除了体外细胞毒性的研究，纳米材料的体内研究也是探讨纳米材料生物毒性的重要研究手段。相较于体外实验，体内实验能够得到更多的数据，也更能够直观地反映纳米材料的生物毒性，特别是急性毒性，并且体内实验得到的结果也对体外实验模型的建立具有重要的指导意义。虽然体内实验具有很多体外研究所具备的优点，但是体内实验需要进行动物实验，因此受到了部分国家的反对。目前已经有学者提出使用简单生物如线虫来替代广泛使用的小鼠，但是从线虫等简单生物上得到的结果很难推广到人体中，因此体内动物实验仍将在以后的一定时间内难以避免。

体内实验所设计因素更多，因此在实验前需要更加仔细地建立实验模型。目前常用的模型仍然为小鼠和大鼠，所需控制的因素包括纳米材料的尺寸、计量、介质、暴露方式等，此外还需要对实际暴露剂量、特定的组织类型、血液血清指标的变化、检测的时间地点等进行控制。体内生物实验可以得到很多体外实验不能得到的信息，如纳米材料的急性毒性和实验动物半致死剂量等，还可以对纳米材料在生物体内的分布、滞留、代谢和排泄等做出分析。

（1）纳米材料在生物体内的分布和清除

研究纳米材料体内分布，可以得到纳米材料的体内定位、体内滞留和体内运输的过程。电子显微镜技术（SEM 和 TEM）是检测组织中纳米材料摄取和存在的常用技术，然而，该技术的灵敏度较低，并且容易受到生物样品干扰。荧光技术是更适合的分析方法，体内荧光成像包括生物发光与荧光。生物发光是用荧光素酶基因标记 DNA，利用其产生的蛋白酶与相应底物发生生化反应产生生物体内的光信号，而荧光技术则采用荧光报告基因或荧光染料（包括荧光量子点）等新型纳米标记材料进行标记，利用报告基因产生的生物发光、荧光蛋白质或染料产生的荧光就可以形成体内的生物光源。肖等人为了评估新型软团聚碳酸钙纳米颗粒的安全性，使用荧光技术考察其口服给药后在机体内的组织分布，如图 6-24 所示，给药 1h 后药物聚集在胃肠道中，且高剂量组荧光强度明显强于常规剂量组，但其他部位未见荧光。

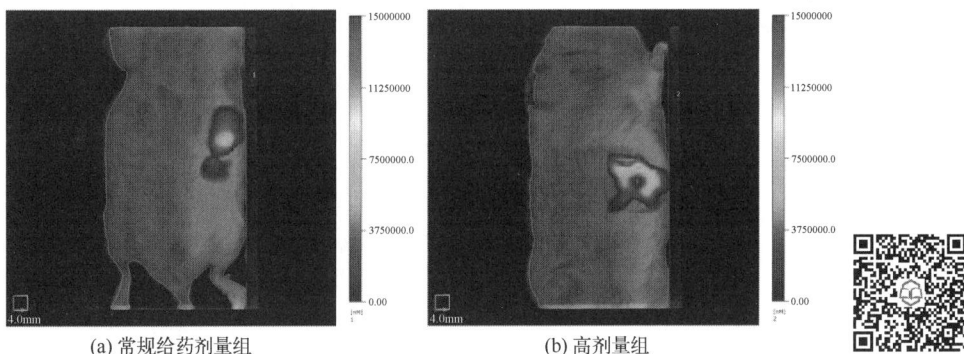

(a) 常规给药剂量组　　　　(b) 高剂量组

图 6-24　软团聚碳酸钙荧光纳米颗粒给药 1h 小鼠活体成像图

然而，荧光技术在体内分析中也存在一些障碍，例如光穿透能力低、干扰化合物、光漂白、染色剂不稳定等。电感耦合等离子体（ICP）分析技术也可以在体内模型中监测金属和金属氧化物纳米材料，从而获得组织和器官中的元素含量，当生物系统中存在与被测纳米材料相同的元素时，ICP 技术也有局限性。

放射性示踪技术和同步辐射技术已经成为监测纳米材料在生物体内分布新的分析方法。放射性示踪技术是将纳米材料首先用放射性同位素（如 ^{125}I）进行标记，然后用伽马射线探测器在体内进行监测。Tu 等人合成了一种新的大环配体 $^{64}Cu^{2+}$ 配合物，并用于标记葡聚糖包覆的硅量子点，通过体内正电子发射断层（PET）成像，评估该量子点在小鼠体内的生物分布。结果如图 6-25 所示，尾静脉注射后 5min 和 1h，硅量子点主要聚集在膀胱和肝脏，注射后 4h、24h 和 48h，硅量子点主要积累在肝脏中。

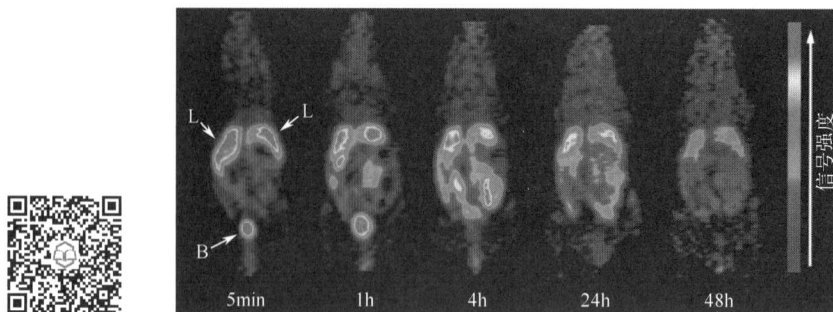

图 6-25　小鼠注射该硅量子点后 5min、1h、4h、24h 和 48h 后体内 PET 图像

同步辐射技术包括同步辐射 X 射线荧光（SRXRF）、同步辐射圆二色谱（SRCD）、同步辐射 X 射线吸收光谱（SRXAS）[也称为 X 射线吸收近边缘结构（XANES）]。这些技术的主要特点是使用可调、轻度高的光源，提高了信噪比，减少了分析时间，具有高分辨率。这些技术已被应用于量子点在生物体内的物理化学变化、TiO_2 在小鼠体内的生物分布以及蛋白质冠与 Au 纳米棒的相互作用等研究中。

对于纳米材料的生物安全性来说，必须考虑纳米材料从人体排泄的途径。目前常用的方法是通过对给药后不同时间点收集的尿液和粪便样本进行 ICP 分析，可以监测纳米材料的排泄。电感耦合等离子体光发射光谱法（ICP-OES）通常用于测量生物排泄样品中纳米材料的元素含量。例如，Fu 等人用 ICP-OES 技术分析了小鼠给药（TiO_2）24h 和 7 天后肝、脾、肾、肺、肌肉、肠、粪便和尿液样品中的硅含量。数据表明，绝大多数 TiO_2 是可以通过粪便排出的。

（2）血清生化指标检测

血液学和血清生化检测是最常用的检测纳米材料生物毒性的方法。生物体血液和血清的成分处于动态平衡中，任何的指标都有正常成分区间，当生物体暴露在纳米材料以后，任何检测到的血液和血清成分的异常都可以视作纳米材料生物毒性的表现。在纳米毒理学的研究范围内，常用的检测指标为细胞总数、红细胞数量、白细胞数量、T 细胞数量和巨噬细胞数量。除了对细胞数量进行检测，通过毛细管电泳法，血清中的蛋白含量也可以作为一项检测指标，常用的检测蛋白有丙氨酸转氨酶、天冬氨酸转氨酶、总胆红素等。

（3）组织病理学检测

组织病理学检测技术指的是，将处死过的动物组织进行固定，使用特定的染色剂进行染色后再用光学显微镜进行观察，组织病理学检测技术是一种在纳米材料毒性检测方面常用的检测技术，操作简便，因此很早就开始应用。Larsen 等人研究了 ZnO 对小鼠肺部的毒性，使用过碘酸希夫反应对肺部组织进行染色，ZnO 暴露 24h 后，小鼠细支气管细胞脱皮 [图 6-26（b）]，非纤毛上皮细胞发生空泡化和坏死 [图 6-26（c）]。

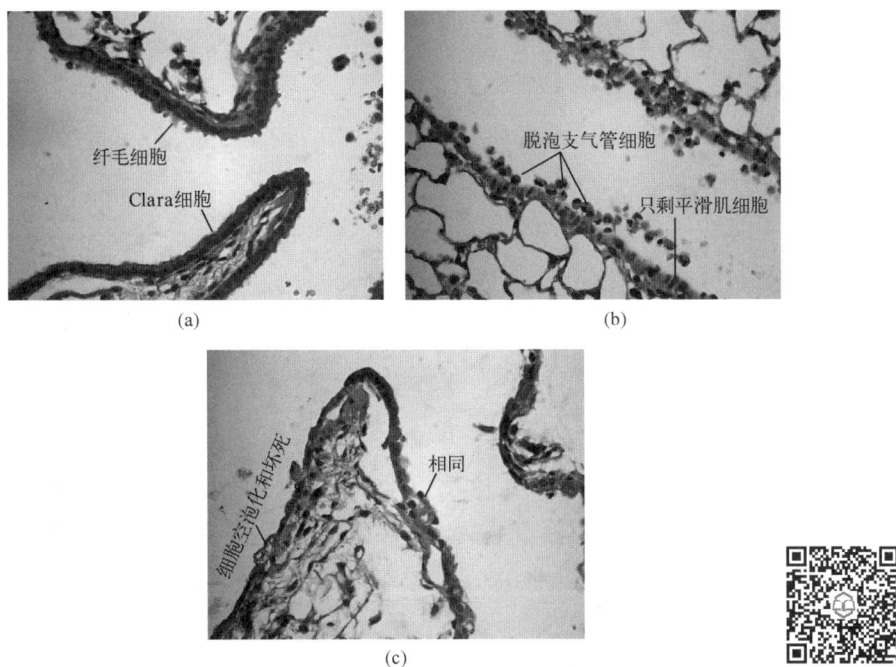

图 6-26　小鼠暴露于空气（a）或 ZnO [（b）、（c）] 24h 后的肺部组织

（4）其他体内毒性研究方法

由于生物体内环境的复杂性，如何能够准确地检测生物体内纳米材料的分布一直是一个非常具有挑战性的研究方向。生物在纳米材料下暴露后，纳米颗粒在生物体内的实时分布，纳米颗粒分布的动态变化，纳米颗粒的定量检测和纳米颗粒在生物体内的运输、代谢、排泄等都是目前研究的热门。在实际的研究过程中，为了保证实验结果的准确性和可靠性，往往采用多种技术相结合的方法进行研究。微流控和微电化学技术是目前新兴的检测技术，这两种技术最大的优点在于可以通过探针直接在活体生物体内进行动态检测，这样的动态监测可以有效地避免静态检测样品处理过程中产生的假阳性。

6.4　纳米材料安全问题的应对措施

6.4.1　降低纳米材料毒性的途径

（1）调控纳米材料的尺寸

尺寸对于纳米材料在细胞中的分布、清除以及对细胞的毒性发挥着重要作用，因此可以通过改变纳米颗粒的尺寸来降低其对细胞的毒性。研究者们通过改变 GO 纳米片的尺寸来降低毒性，利用改进的 Hummers 法合成了超小（纵向尺寸小于 50nm）、具有荧光特性的 GO 纳米片，且在较大 pH 范围内具有较好的稳定性。与正常的大尺寸 GO 纳米片相比，该纳米片表现出吸收量大、低毒等生物相容的特性（图 6-27）。该研究通过改变 GO 纳米片的尺寸，既达到了将药物运送到细胞的目的，又降低了载体纳米片诱发细胞毒性。

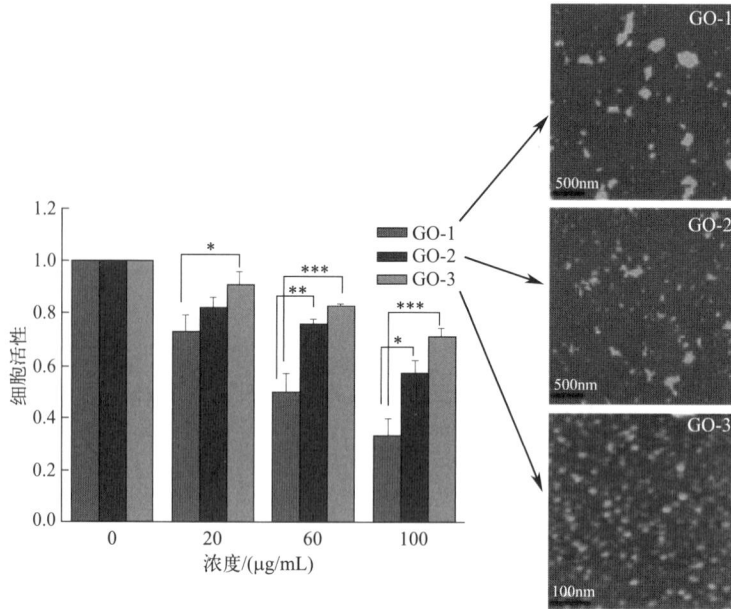

图 6-27　不同尺寸 GO 纳米片对细胞活力的影响

（2）改变纳米材料的表面性质

可以通过化学修饰改变纳米材料表面的性能，即通过改变纳米表面性质来控制材料性能，减少其毒性。表面电荷会影响纳米颗粒对离子和生物分子的相互作用，从而改变细胞对纳米颗粒的响应，因此可以通过改变纳米颗粒表面电荷属性来降低其诱发的细胞毒性。由于体内粒子带负电，人们研究发现若颗粒的表面呈电中性，体内清除率降低，如果表面带负电，清除率就会升高，所以我们必须避免纳米粒的表面带正电。Ruenraroengsak 等人比较了表面电荷为中性、阳离子和阴离子聚苯乙烯乳胶纳米颗粒对肺泡上皮细胞的细胞毒性。结果表明阳性纳米材料处理的细胞活性显著降低，产生较多的 ROS，线粒体损伤严重；中性和阴性纳米材料处理的细胞虽然也产生了一些 ROS，但几乎没有细胞毒性，导致的线粒体损伤也较弱。

纳米材料表面可修饰多种基团，以改变纳米材料的特性，起到降低细胞毒性的作用。Wan 等人对金纳米棒（GNRs）进行表面修饰，发现溴化十六烷基三甲铵（CTAB）修饰的 GNRs 通过损害线粒体和产生 ROS 来引起细胞凋亡和自噬，然而溴化十六烷基三甲铵/聚磺苯乙烯（CTAB/PSS）、溴化十六烷基三甲铵/聚烯丙基氯化铵（CTAB/PAH）、CTAB/PSS/ PAH 或 CTAB/PAH/PSS 修饰的 GNRs 表现出较低的毒性，且并未引起细胞死亡（图 6-28）。

（3）降低纳米材料的暴露剂量和暴露时间

改变生物暴露纳米材料的剂量和时间也能有效降低纳米材料的毒性。有学者研究了层状黑磷（BP）对细胞代谢活性和膜完整性的细胞毒性作用。Song 等人采用改进的超声辅助溶液法制备层状黑磷（BP），并研究了分层 BP 对 L-929 成纤维细胞不同暴露剂量和时间的细胞毒性。研究结果表明，BP 导致氧化应激介导的酶活性降低和细胞膜破坏，其细胞毒性与浓度和暴露时间成正比。当浓度低于 4μg/mL 时，层状 BP 几乎没有细胞毒性。

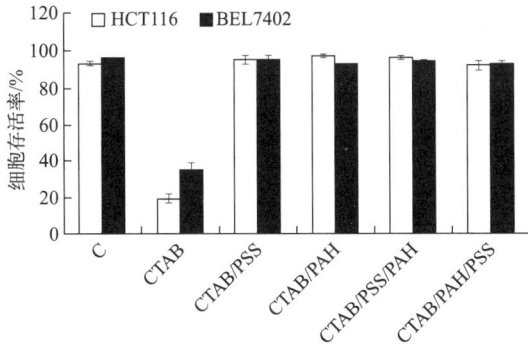

图 6-28 不同表面修饰的 GNRs 对细胞活力的影响

Zhang 等人将神经元细胞 PC12 分别暴露在 0～100μg/mL GO 和 SWCNT 下，研究结果表明纳米材料的浓度越大对细胞膜的损伤也越严重，对细胞的毒性越大。

上述研究表明纳米材料的暴露剂量和暴露时间对其毒性有重要影响。因此，在开发推广纳米材料的应用时，降低纳米材料的暴露剂量和暴露时间可以有效缓解纳米材料引起的不良效应。

（4）调整纳米材料的作用介质

细胞暴露的介质不同也会影响纳米材料的毒性。Corradi 等人研究了 Lys-SiO$_2$ NPs、TiO$_2$ NPs、ZnO NPs 和 MWCNTs 在有血清或无血清的情况下，对人类肺上皮癌细胞（A549）的毒性。在有血清的情况下，ZnO NPs 使细胞中微核（MN）量增多；Lys-SiO$_2$ NPs 在无血清的条件下细胞分裂障碍增殖指数（CBPI）显著降低，而在有血清条件下 CBPI 又得到了修复，结果表明血清可降低 Lys-SiO$_2$ NPs 诱发的细胞毒性。

6.4.2 纳米材料安全发展战略

纳米材料的安全性研究已得到越来越多的重视，我国亟待从战略角度出发，制定切实可行的纳米材料安全性研究的近期措施和长远规划。只有我们认真对待纳米材料技术的正反两面，才能真正地推动我国科技的进步，促进我国纳米材料技术产业化的健康、有序发展。在与发达国家经济和科技竞赛的道路上，抢占经济和科技的制高点。因此，要高度重视纳米材料的安全问题，制定纳米材料的各项安全指标与管理机制，事关国家利益。

2001 年，我国成立了中国科学院纳米生物效应与安全性重点实验室，是我国第一个以纳米材料的健康效应与生物安全性为研究方向的重点实验室。2011 年，中国科学院高能物理研究所、国家纳米科学中心、北京大学、上海大学、南京大学、东南大学承担的项目"重要纳米材料的生物效应机制和安全性评价研究"获得国家"973 计划"项目立项。该项目以国家需求为导向，以纳米生物为核心，围绕"工作场所和消费产品中相关纳米材料的释放、职业暴露以及与呼吸、心血管和胃肠道系统的相互作用""重要纳米材料的生物效应与安全性的分子作用机制""纳米材料安全性的分子作用机制""纳米材料安全性评价方法与评估程序""安全性评估的高通量筛选方法"等关键科学问题开展系统深入的研究。"973 计划"项目启动了"人造纳米材料的生物安全性研究及解决方案探索"。通过开展生物学、医学、化学、物理学与纳米科学的交叉研究，为纳米材料安全提供科技支撑。2018年，我国发布了标准《纳米技术 纳米材料风险评估》（GB/T 37129—2018），对人造纳米材料研发与使用的潜在风险进行识别、评估、处理、决策和沟通，以保护公众、消费者、从业人员以及环境的健康与安全。2020 年，国家药品监督管理局在第二批监管科学行动计划中，专门设立了纳米医疗器械监管科学研究项目，对纳米医疗器械安全性、有效性评价的新工具、新方法、新手段开展研究。并发布了《应用纳米材料的医疗器械安全性和有效性评价指导原则 第一部分：体系框架》，即器审中心首个专门针对医疗器械中应用的纳米材料制定的相关指导原则。我国已经在纳米材料的安全问题上采取行动，但是构建完善的纳米安全系统研究平台、推进实施纳米技术安全标准战略、建立纳米技术风险评价体系仍需更多的重视、投入和努力。

思考题

1. 举例说明纳米材料对人体的入侵方式。
2. 阐述纳米材料对人体有哪些潜在的危害性及其原理。
3. 针对纳米材料存在的安全性问题，可采用的主要应对措施有哪些？
4. 纳米材料对环境有哪些有害的影响？
5. 影响纳米材料毒性的因素有哪些？
6. 纳米材料安全性的研究方法主要有哪些？阐述其原理。
7. 针对纳米材料存在的安全性问题，有哪些主要的应对措施？
8. 结合纳米材料的利和弊，谈谈你对发展纳米材料及纳米技术的看法。

参考文献

[1] Service R F. American Chemical Society meeting. Nanomaterials show signs of toxicity[J]. Science, 2003, 300(5617): 243.

[2] Goho A. Tiny trouble: Nanoscale materials damage fish brains[J]. Science News, 2004, 165(14): 211.

[3] Sayes C M, Fortner J D, Guo W, et al. The differential cytotoxicity of water-soluble fullerenes[J]. Nano Letters, 2004, 4(10): 1881-1887.

[4] Service R F. Nanotoxicology. nanotechnology grows up[J]. Science, 2004, 304(5678): 1732-1734.

[5] Boyes W K, van Thriel C. Neurotoxicology of nanomaterials[J]. Chemical Research in Toxicology, 2020, 33(5): 1121-1144.

[6] 魏吴晋. 铝纳米粉尘爆炸及其抑制技术研究[D]. 徐州: 中国矿业大学, 2010.

[7] Buzea C, Pacheco I I, Robbie K. Nanomaterials and nanoparticles: Sources and toxicity[J]. Biointerphases, 2007, 2(4): MR17-MR71.

[8] Chen S L, Chang S W, Chen Y J, et al. Possible warming effect of fine particulate matter in the atmosphere[J]. Communications Earth & Environment, 2021, 2: 208.

[9] Preining O. The physical nature of very, very small particles and its impact on their behaviour[J]. Journal of Aerosol Science, 1998, 29(5-6): 481-495.

[10] 董发勤, 邵龙义, 冯晨旭, 等. 大气微纳米颗粒物界面反应与矿物协同演化意义[J]. 地球科学, 2018, 43(5): 1709-1724.

[11] Rajput V D, Minkina T, Sushkova S, et al. Effect of nanoparticles on crops and soil microbial communities[J]. Journal of Soils and Sediments, 2018, 18(6): 2179-2187.

[12] 张莹, 陈光才, 刘泓. 纳米颗粒的土壤环境行为及其生态毒性研究进展[J]. 江苏农业科学, 2018, 46(13): 8-12.

[13] Lee C W, Mahendra S, Zodrow K, et al. Developmental phytotoxicity of metal oxide nanoparticles to *Arabidopsis thaliana*[J]. Environmental Toxicology and Chemistry, 2009, 29(3): 669-675.

[14] Yang L, Watts D J. Particle surface characteristics may play an important role in phytotoxicity of alumina nanoparticles[J]. Toxicology Letters, 2005, 158(2): 122-132.

[15] van Straalen N M, Donker M H, Vijver M G, et al. Bioavailability of contaminants estimated from uptake rates into soil invertebrates[J]. Environmental Pollution, 2005, 136(3): 409-417.

[16] 王倩, 刘兴, 赵媛, 等. 无机纳米颗粒在土壤中的环境效应与影响因素[J]. 矿物学报, 2020, 40(3): 289-296.

[17] 刘勇, 刘媛, 赵俭, 等. 土壤中纳米材料毒性效应的研究进展[J]. 北京师范大学学报(自然科学版), 2021, 57(1): 86-93.

[18] 于学茹, 王巨媛, 王翠苹, 等. 稀土氧化物纳米颗粒对植物的毒性效应及影响因素研究进展[J]. 福建农业学报, 2019, 34(6): 739-747.

[19] 李阳, 牛军峰, 张驰, 等. 水中金属纳米颗粒对细菌的光致毒性机理[J]. 化学进展, 2014, 26(增刊 1): 436-449.

[20] 孙耀琴, 申聪聪, 葛源. 典型纳米材料的土壤微生物效应研究进展[J]. 生态毒理学报, 2016, 11(5): 2-13.

[21] 王丽华. 纳米氧化锌和纳米银对丛枝菌根的毒性效应[D]. 洛阳: 河南科技大学, 2014.

[22] 于素娟, 阴永光, 刘景富. 水环境中纳米银的生成与转化研究[J]. 中国科学: 化学, 2017, 47(9): 1102-1113.

[23] Roberts A P, Mount A S, Seda B, et al. *In vivo* biomodification of lipid-coated carbon nanotubes by Daphnia Magna[J]. Environmental Science & Technology, 2007, 41(8): 3025-3029.

[24] Adams L K, Lyon D Y, McIntosh A, et al. Comparative toxicity of nano-scale TiO_2, SiO_2 and ZnO water suspensions[J]. Water Science and Technology, 2006, 54(11-12): 327-334.

[25] Franklin N M, Rogers N J, Apte S C, et al. Comparative toxicity of nanoparticulate ZnO, bulk ZnO, and $ZnCl_2$ to a freshwater microalga (Pseudokirchneriella subcapitata): The importance of particle solubility[J]. Environmental Science & Technology, 2007, 41(24): 8484-8490.

[26] Griffitt R J, Weil R, Hyndman K A, et al. Exposure to copper nanoparticles causes gill injury and acute lethality in zebrafish (*Danio rerio*)[J]. Environmental Science & Technology, 2007, 41(23): 8178-8186.

[27] Xia T, Zhu Y F, Mu L N, et al. Pulmonary diseases induced by ambient ultrafine and engineered nanoparticles in twenty-first century[J]. National Science Review, 2016, 3(4): 416-429.

[28] 沈臻霖. 纳米材料对健康的影响[J]. 安全, 2014, 35(3): 27-28.

[29] Brook R D, Rajagopalan S, 3rd C A P, et al. Particulate matter air pollution and cardiovascular disease: An update to the scientific statement from the American Heart Association[J]. Circulation, 2010, 121(21): 2331-2378.

[30] Medina C, Santos-Martinez M J, Radomski A, et al. Nanoparticles: Pharmacological and toxicological

significance[J]. British Journal of Pharmacology, 2007, 150(5): 552-558.

[31] Stern S T, McNeil S E. Nanotechnology safety concerns revisited[J]. Toxicological Sciences, 2008, 101(1): 4-21.

[32] Calderón-Garcidueñas L, Maronpot R R, Torres-Jardon R, et al. DNA damage in nasal and brain tissues of canines exposed to air pollutants is associated with evidence of chronic brain inflammation and neurode-generation[J]. Toxicologic Pathology, 2003, 31(5): 524-538.

[33] Bouwmeester H, van der Zande M, Jepson M A. Effects of food-borne nanomaterials on gastrointestinal tissues and microbiota[J]. Wiley Interdisciplinary Reviews Nanomedicine and Nanobiotechnology, 2018, 10(1): e1481.

[34] Lamas B, Martins Breyner N, Houdeau E. Impacts of foodborne inorganic nanoparticles on the gut microbiota-immune axis: Potential consequences for host health[J]. Particle and Fibre Toxicology, 2020, 17(1): 19.

[35] Peng F, Setyawati M I, Tee J K, et al. Nanoparticles promote *in vivo* breast cancer cell intravasation and extravasation by inducing endothelial leakiness[J]. Nature Nanotechnology, 2019, 14(3): 279-286.

[36] Shyamasundar S, Ng C T, Yung L Y L, et al. Epigenetic mechanisms in nanomaterial-induced toxicity[J]. Epigenomics, 2015, 7(3): 395-411.

[37] Forte M, Iachetta G, Tussellino M, et al. Polystyrene nanoparticles internalization in human gastric adenocarcinoma cells[J]. Toxicology in Vitro, 2016, 31: 126-136.

[38] Chithrani B D, Ghazani A A, Chan W C W. Determining the size and shape dependence of gold nanoparticle uptake into mammalian cells[J]. Nano Letters, 2006, 6(4): 662-668.

[39] He Y S, Qin J W, Wu S M, et al. Cancer cell-nanomaterial interface: Role of geometry and surface charge of nanocomposites in the capture efficiency and cell viability[J]. Biomaterials Science, 2019, 7(7): 2759-2768.

[40] Yen H J, Hsu S H, Tsai C L. Cytotoxicity and immunological response of gold and silver nanoparticles of different sizes[J]. Small, 2009, 5(13): 1553-1561.

[41] Harper S, Usenko C, Hutchison J E, et al. *In vivo* biodistribution and toxicity depends on nanomaterial composition, size, surface functionalisation and route of exposure[J]. Journal of Experimental Nanoscience, 2008, 3(3): 195-206.

[42] Sayes C M, Wahi R, Kurian P A, et al. Correlating nanoscale titania structure with toxicity: A cytotoxicity and inflammatory response study with human dermal fibroblasts and human lung epithelial cells[J]. Toxicological Sciences, 2006, 92(1): 174-185.

[43] Liu Y, Zhao Y L, Sun B Y, et al. Understanding the toxicity of carbon nanotubes[J]. Accounts of Chemical Research, 2013, 46(3): 702-713.

[44] Ge C C, Li Y, Yin J J, et al. The contributions of metal impurities and tube structure to the toxicity of carbon nanotube materials[J]. NPG Asia Materials, 2012, 4(12): e32.

[45] Li M, Cheng F, Xue C Y, et al. Surface modification of stöber silica nanoparticles with controlled moiety densities determines their cytotoxicity profiles in macrophages[J]. Langmuir, 2019, 35(45): 14688-14695.

[46] 袁金华, 李光, 陈慧珍, 等. 纳米氧化锌对人胚肺成纤维细胞的生物毒性[J]. 中山大学学报(医学科学版), 2009, 30(2): 170-173, 178.

[47] Inukai N, Tanaka K, Takizawa T. A convenient technique for live-cell observation on the surface of polytetrafluoroethylene with a phase-contrast microscope[J]. Microscopy, 2017, 66(2): 136-142.

[48] 曹长姝, 沈伟哉, 李药兰, 等. 臭灵丹中 HTMF 诱导 Hep-2 细胞凋亡[J]. 暨南大学学报(自然科学与医学版), 2010, 31(4): 369-373.

[49] Malik R, Wagh A, Qian S, et al. A single-layer peptide nanofiber for enhancing the cytotoxicity of trastuzumab (anti-HER)[J]. Journal of Nanoparticle Research, 2013, 15(6): 1682.

[50] Lee P L, Chen B C, Gollavelli G, et al. Development and validation of TOF-SIMS and CLSM imaging method for cytotoxicity study of ZnO nanoparticles in HaCaT cells[J]. Journal of Hazardous Materials, 2014, 277: 3-12.

[51] Kyriakidou K, Brasinika D, Trompeta A F A, et al. *In vitro* cytotoxicity assessment of pristine and carboxyl-functionalized MWCNTs[J]. Food and Chemical Toxicology, 2020, 141: 111374.

[52] Vankayala R, Kalluru P, Tsai H H, et al. Effects of surface functionality of carbon nanomaterials on short-term cytotoxicity and embryonic development in zebrafish[J]. Journal of Materials Chemistry B, 2014, 2(8): 1038-1047.

[53] Umh H N, Kim Y. Spectroscopic and microscopic studies of vesicle rupture by AgNPs attack to screen the cytotoxicity of nanomaterials[J]. Journal of Industrial and Engineering Chemistry, 2013, 19(6): 1944-1948.

[54] Garriga R, Herrero-Continente T, Palos M, et al. Toxicity of carbon nanomaterials and their potential application as drug delivery systems: *in vitro* studies in caco-2 and MCF-7 cell lines[J]. Nanomaterials, 2020, 10(8): 1617.

[55] 侯英, 吴雪琼, 王兴华. ATP 生物发光原理及应用研究[J]. 中国医药导报, 2010, 7(12): 12-13, 18.

[56] Lin F M, Li C C, Chen Z. Exopolysaccharide-derived carbon dots for microbial viability assessment[J]. Frontiers in Microbiology, 2018, 9: 2697.

[57] Yu Y Q, Ren W W, Ren B Z. Nanosize titanium dioxide cause neuronal apoptosis: A potential linkage between nanoparticle exposure and neural disorder[J]. Neurological Research, 2008, 30(10): 1115-1120.

[58] Suman S, Pandey A, Chandna S. An improved non-enzymatic "DNA ladder assay" for more sensitive and early detection of apoptosis[J]. Cytotechnology, 2012, 64(1): 9-14.

[59] Loo D T. *In situ* detection of apoptosis by the TUNEL assay: An overview of techniques[J]. Methods in Molecular Biology, 2011, 682: 3-13.

[60] Cambre M H, Holl N J, Wang B L, et al. Cytotoxicity of NiO and Ni(OH)$_2$ nanoparticles is mediated by oxidative stress-induced cell death and suppression of cell proliferation[J]. International Journal of Molecular Sciences, 2020, 21(7): 2355.

[61] Božinović K, Nestić D, Centa U G, et al. *In-vitro* toxicity of molybdenum trioxide nanoparticles on human keratinocytes[J]. Toxicology, 2020, 444: 152564.

[62] 岳磊, 张垚, 张楠曦. 流式细胞仪检测线粒体膜电位方法的研究[J]. 哈尔滨商业大学学报(自然科学版), 2015, 31(4): 393-397.

[63] Kumar G, Degheidy H, Casey B J, et al. Flow cytometry evaluation of *in vitro* cellular necrosis and apoptosis induced by silver nanoparticles[J]. Food and Chemical Toxicology, 2015, 85: 45-51.

[64] Mammas I N, Sourvinos G, Giamarelou P, et al. Human papillomavirus in the oral cavity of children and mode of delivery: A retrospective study[J]. International Journal of STD & AIDS, 2012, 23(3): 185-188.

[65] 米辰, 邢爱耘. 妊娠期人乳头瘤病毒感染的诊治评价[J]. 实用妇产科杂志, 2016, 32(2): 99-102.

[66] Khan I, Bahuguna A, Krishnan M, et al. The effect of biogenic manufactured silver nanoparticles on human endothelial cells and zebrafish model[J]. Science of The Total Environment, 2019, 679: 365-377.

[67] 王怡, 詹林盛. 活体动物体内光学成像技术的研究进展及其应用[J]. 生物技术通讯, 2007, 18(6): 1033-1035.

[68] 肖焕长, 杨洪志, 邹俭鹏, 等. 软团聚碳酸钙纳米颗粒在小鼠体内组织分布及毒性考察[J]. 中南药学,

2020, 18(8): 1334-1338.

[69]　Tu C Q, Ma X C, House A, et al. PET imaging and biodistribution of silicon quantum dots in mice[J]. ACS Medicinal Chemistry Letters, 2011, 2(4): 285-288.

[70]　Li Y F, Zhao J T, Qu Y, et al. Synchrotron radiation techniques for nanotoxicology[J]. Nanomedicine: Nanotechnology, Biology and Medicine, 2015, 11(6): 1531-1549.

[71]　Qu Y, Li W, Zhou Y L, et al. Full assessment of fate and physiological behavior of quantum dots utilizing *Caenorhabditis elegans* as a model organism[J]. Nano Letters, 2011, 11(8): 3174-3183.

[72]　Zhang J C, Li B, Zhang Y, et al. Synchrotron radiation X-ray fluorescence analysis of biodistribution and pulmonary toxicity of nanoscale titanium dioxide in mice[J]. The Analyst, 2013, 138(21): 6511.

[73]　Wang L M, Li J Y, Pan J, et al. Revealing the binding structure of the protein corona on gold nanorods using synchrotron radiation-based techniques: Understanding the reduced damage in cell membranes[J]. Journal of the American Chemical Society, 2013, 135(46): 17359-17368.

[74]　Fu C H, Liu T L, Li L L, et al. The absorption, distribution, excretion and toxicity of mesoporous silica nanoparticles in mice following different exposure routes[J]. Biomaterials, 2013, 34(10): 2565-2575.

[75]　Zhang H, Peng C, Yang J Z, et al. Uniform ultrasmall graphene oxide nanosheets with low cytotoxicity and high cellular uptake[J]. ACS Applied Materials & Interfaces, 2013, 5(5): 1761-1767.

[76]　Lewinski N, Colvin V, Drezek R. Cytotoxicity of nanoparticles[J]. Small, 2008, 4(1): 26-49.

[77]　Ruenraroengsak P, Tetley T D. Differential bioreactivity of neutral, cationic and anionic polystyrene nano-particles with cells from the human alveolar compartment: Robust response of alveolar type 1 epithelial cells[J]. Particle and Fibre Toxicology, 2015, 12: 19.

[78]　Wan J L, Wang J H, Liu T, et al. Surface chemistry but not aspect ratio mediates the biological toxicity of gold nanorods *in vitro* and *in vivo*[J]. Scientific Reports, 2015, 5: 11398.

[79]　Song S J, Shin Y C, Lee H U, et al. Dose- and time-dependent cytotoxicity of layered black phosphorus in fibroblastic cells[J]. Nanomaterials, 2018, 8(6): 408.

[80]　Zhang Y B, Ali S F, Dervishi E, et al. Cytotoxicity effects of graphene and single-wall carbon nanotubes in neural phaeochromocytoma-derived PC12 cells[J]. ACS Nano, 2010, 4(6): 3181-3186.

[81]　Corradi S, Gonzalez L, Thomassen L C J, et al. Influence of serum on *in situ* proliferation and genotoxicity in A549 human lung cells exposed to nanomaterials[J]. Mutation Research, 2012, 745(1-2): 21-27.